日本人氣色彩穿搭師
谷口美佳／著

頂尖造型師都在用の
「軸色」穿搭術

作者序

寫給對時尚「開始感到迷惘」的半熟女

女性在四十歲前後，身材和肌膚都會逐漸改變。這種時候，總覺得穿什麼都不合適，太年輕會被人說裝可愛，太樸素又顯老，怎麼穿都不滿意。正處於這個年紀的妳，是否也有這樣的煩惱呢？

身為一名色彩穿搭師，為客戶提供選衣、穿搭、美妝的建議是我的工作。但在我自己進入四十歲時，也曾失去自信，找不到適合自己的穿著打扮。

尤其當我的身材開始失控、出現更年期的症狀，家庭和工作兩頭燒，情緒也因此有些不穩定。

那時為了轉換心情，我刻意選擇絢麗亮眼的顏色，但卻感到焦躁不安；有時乾脆俐落穿了全身黑，卻讓意氣更為消沉……。

就在那個時候，「軸色」成為我最堅強的後盾。

我所學習的「Color＋shape®」配色理論，核心就是「顏色搭配」。因為穿搭造型中最重要的一點就是「顏色選擇」，只要挑對適合自己的「基本色」，並且善加運用在服飾及彩妝，所呈現出來的整體印象不僅好看，同時散發出專屬於自己的「時尚感」。

也因此我重新以自己軸色色系中的「焦糖色」調整穿搭，發現效果驚人！僅僅只是改變整體軸色，就能感受到自己的好氣色與質感品味，身邊的朋友也投以「感覺變年輕了」的回應。

原來，我還沒有變成「大媽」嘛！

身為服裝造型師，雖然我原本的穿著搭配並沒有太大問題，但在開始營造專屬自己的軸色，並稍微調整風格後，更能增添自信！

本書會詳細引導妳找到自己的「軸色」，以及如何善用軸色的選搭原則。尤其並不需要特別在意款式是否時尚，只要掌握一個簡單原則——「軸色占全身搭配七成」，就可以了。

可以先從衣櫃中現有的衣物著手，之後在添購新衣時也以「軸色」來挑選，便能減少亂買的情況，也不會再有「無法搭配」的衣服。

還有，感到無力的時候、不知道該怎麼穿的時候、沒自信的時候……，當妳遇到這些低迷的情況，只要掌握「軸色法則」，就能穿出適合自己的亮麗穿搭。

就讓我們一起吧！更輕鬆一點，更做自己一點，穿出簡約、自信且有質感的大人風格，妳覺得如何呢？

以我的「軸色」——焦糖色和米色為基底，並用白色調合穿搭。靈活運用相似色調，在帶有正式感的單品中加入一絲休閒氛圍。●外套／NOBLE、上衣／Deuxiéme Classe、褲子／Plage、包包／ZANELLATO、帆布鞋／CONVERSE、手環／JUICY ROCK（皆為私物）

目錄 CONTENTS

作者序 2

LESSON 1

掌握時尚の「軸色穿搭」祕訣 10

選擇「軸色」打造不失誤的穿搭與妝容 12

成熟大人的「一貫印象」代表品味 16

妳的魅力色系是「黃色系」？還是「藍色系」？ 18

・整體穿搭中「軸色」佔七成，簡約又時髦 20

LESSON 2

找出妳的專屬「軸色」 22

「軸色」取決於膚色、瞳孔色和髮色 24

・找到自己的「軸色」 26

・黃色系「軸色」是這三色 28

・藍色系「軸色」是這三色 30

如果難以分辨自己的軸色色系…… 32

試看看只用「軸色」穿搭，發現自己的天生魅力 34

LESSON 3

不會出錯的基礎軸色穿搭法 36

掌握「軸色組合」，日常穿搭零失誤 38

・選定「軸色組合」的方法 40

・打造上衣＋包包＋鞋子的「軸色組合」 42

任意挑選下身單品，搭配「軸色組合」帶出協調感！ 44

「軸色組合」之外再加一色，零失誤的出眾穿搭！ 46
・「軸色組合」+白色下身▼清爽感 48
・「軸色組合」+黑色下身▼俐落感 50
・「軸色組合」+相同軸色下身▼一致感 52
・「軸色組合」+其它軸色下身▼高品味 54
・「軸色組合」+對比軸色下身▼時尚感 56
順眼的軸色組合重點在「色調一致」 58
・「軸色組合」的挑選祕訣——米色 60
・「軸色組合」的挑選祕訣——褐色 62
・「軸色組合」的挑選祕訣——卡其色／海軍藍／灰色 64
挑選適合大人的白色 66
找到專屬自己的灰色 68
衣櫃中的「對比軸色」該怎麼辦？ 70

LESSON 4

加入「點綴色」延伸穿搭領域

74
瞭解「軸色」就能發現適合的「點綴色」 76
讓妳的魅力閃耀的三款「點綴色」！ 78
挑選適合的鮮豔度：「鮮明色」vs「混濁色」 80
挑選適合的明暗度：「亮色」vs「暗色」 82
下身單品選擇「點綴色」立刻穿出新印象 84
小單品運用「鮮明色」帶出時髦效果 86
穿插兩次「點綴色」，躍升爲都會時尚女子 88
在特別的日子想給人特殊印象 90
・「希望留下深刻印象」▼使用鮮明色 92
・「給人好感形象」▼使用低明度粉彩色 93
・「充滿時尚品味」▼使用對比的「點綴色」 94
・「沉著穩重感」▼使用對比的「軸色」 95
簡單掌握「三色穿搭」法則 96
・三色穿搭範例 之一 98
・三色穿搭範例 之二 100

LESSON 5

時尚度大提升！「進階版」軸色穿搭

時尚度大提升！「進階版」軸色穿搭 102
掌握軸色後展現「穿搭達人」的熟練感 104
選用軸色爲底色者，就能駕馭「圖案、花紋」單品 106
女人味的首選——「紅色」 108
一定有適合妳的紅色和粉色單品 110
如何讓單色穿搭時髦有型 112
拋開「黑色不會出錯」的想法 114
「黑色穿搭」的訣竅 116
「剪裁俐落、選對色彩」看起來更年輕 118
穿搭特別的色彩或圖樣時，露出一點肌膚會更漂亮！ 120
事先備妥「軸色飾品」組合 122
在軸色基礎加入動物花紋或亮眼配件 124
分析你的「骨架體型」就能告別大嬸穿搭 126
・依體型分類的「命定材質」清單 128

LESSON

利用軸色買對衣服 130
成熟大人的衣櫃裡「大同小異」也無妨 132
內搭衣也選用「軸色」更簡潔俐落 134
以「一件式軸色洋裝+開襟衫」取代居家睡衣風 136
選對丹寧褲的款式 138
軸色套裝搭配完整妝容打造好感印象 140
大衣購入平價款即可 142

眼鏡與太陽眼鏡的挑選方法 144
包包內也採「軸色收納」才優雅時尚 146
這兩款白色休閒鞋完美詮釋大人感品味 148
利用絲襪自然修飾不均勻膚色 150
從過於沉重的「全黑褲襪」畢業吧！ 152
讓品味大幅提升的輕珠寶 154
注重衣物的保養讓平價單品也能展現好品味 156

LESSON 7

讓妳迷人程度升級的「軸色妝容」 158

大人的上妝重點不在「流行」而在「適合」 160
唇膏色「貼近軸色」能增加閃耀感 162
・適合妳的「軸色唇膏」 163
唇膏也有分「鮮明色派」與「混濁色派」 164
用軸色隔離霜修潤並捨棄兩年前的粉底液 166
以「軸色」打亮，成就完美妝容 168
貼近軸色的褐色眼影 170
・適合妳的「褐色眼影」 171
以「軸色眼線」打造動人雙眸 172
以「軸色腮紅」拉提臉頰 174
・適合妳的「軸色腮紅」 175
挑選裸色指甲油的原則 176
活用「軸色彩妝」延伸更多穿搭可能 178
結語 180
配色表&色彩圖卡 182

●上衣、褲子／Deuxiéme Classe、包包／LOEWE、包鞋／REVE D'UN JOUR（Ron Herman）、耳環／Anne-Marie Chagnon（Color＋shape® BOUTIQUE）、手鍊／JUICY ROCK（皆為私物）

LESSON

1

掌握時尚の「軸色」穿搭祕訣

所謂的「軸色」，就是能帶出妳原本魅力的基本色。
找到自己的「穿搭軸色」，
讓日常搭配不但變得更簡單輕鬆，也能充滿動人風采。
請帶著自信享受大人的時尚風格！

選擇「軸色」打造不失誤的穿搭與妝容

據說影響一個人的第一印象的正是「顏色」。也就是說，**光是能穿上讓自己順眼的顏色，就能帶給他人「漂亮、有魅力」的印象**。

那麼能「讓自己順眼的顏色」是……？

作為一名色彩穿搭師，我在給客戶建議之前，首先會診斷最適合客戶穿著的基本色。因為在我學習色彩理論的過程，我發現不論是衣服或彩妝，了解「基本色」，比其他內容更重要。

而這個**「適合自己的基本色」，我定名為「軸色」**。

在整體穿搭中，只要運用七成的「軸色」，那種「大媽感、土土的」穿搭失誤就會大幅減少。掌握自己的「軸色」，再以之為中心進行穿搭，不論是誰都能輕易呈現出「高雅時尚」的風格，同時提升舒服、好感的形象。

再來，就是如何透過正確的色彩比例來搭配「軸色」。其實並不難，只要稍微了解色彩搭配的訣竅，就能穿得簡單又有型。

請不要認為「自己沒有什麼美感」、「不可能學會」。**所謂的色彩搭配，八成是仰賴理論，而在學習的過程中，自然也會提升美感**。瞭解色彩的基本理論，就能掌握自己的「軸色」，所以不論是誰，要搭出動人出色的穿著絕對沒問題。

首先，我們來談談關於色彩組成的重點。

色彩的組成條件有色相、明度與彩度。色相代表顏色樣貌，明度為明亮度，彩度則是鮮豔度。除了無彩度的「黑、灰、白」，世界上所有的顏色都由色彩的三原色「紅、藍、黃」混合而成。將紅、藍、黃依不同的比例混合，就能構成鮮豔的純色，而表現顏色鮮明的程度，就是彩度。**彩度越高，顏色越清楚鮮豔，稱為「鮮明色」，當彩度越低，則成為比較模糊的「混濁色」**。

將白色混入純色中，會提高明度，讓顏色變得明亮；而純色中混入黑色則會降低明度、顏色變暗，若混入灰色則讓顏色變得霧灰暗沉。

在多采多姿的顏色中，**「軸色」會是妳永遠的好夥伴**。正因為是適合妳的顏色，即使年齡增長、體型改變、肌膚失去光澤，或是情緒低落，也不會減損妳的風采，甚至還有調校的效果。

「軸色」穿搭也能在妳希望低調但保有質感的時候派上用場；若想加深予人的印象時，就利用高彩度的鮮明色；想展現開朗亮麗的風格，則推薦高明度的亮色；想給人沉穩的印象，就運用低明度的暗色……。

只要瞭解「軸色」，再透過些許色彩的知識，成為「自信亮眼的自己」簡直易如反掌。

以我的「軸色」之一的米色為基底，再用白色增添柔美感。與初次見面的人見面時，就讓具潔淨感的白色單品大顯身手。

●上衣／ebure、裙子／IENA、包包／LOEWE、包鞋／PELLICO、披肩／ZARA、耳環／JUICY ROCK、項鍊／CYCRO（皆為私物）

成熟大人的「一貫印象」代表品味

「穿衣服總是淪為差不多的風格。」

這是幫客戶進行個人穿搭諮詢時，我經常聽到的煩惱。不論是習慣追求時尚的人，或不太擅長穿著搭配的人，滿多諮詢者都會出現「應該要穿不同顏色的衣服」，或是覺得「差不多的穿搭很沒意思」的想法。

然而，**成熟女性其實要以擁有一致的印象為佳。**

大人感的穿搭不需要太多色彩，比起每次見面都給人不同的感覺，碰面時總是能帶給人好感、讓人感到舒服的氛圍更為重要。

許多人明明滿櫃子衣服，卻經常哀嘆「沒有衣服可以穿」「沒有鞋子可以配」或是「沒有適合的包包」，我推測大部分的原因來自**顏色過多**。許多人會在購物時，考慮到「已經有類似的顏色的了」而選擇買下不同顏色的品項，結果成了沒有出場的冷凍品。即便擁有多種顏色的服飾配件，但其實要能搭得時髦好看並不容易。所以造成就算不停購入新衣服，卻還是沒有一件能讓人滿意。

不論是正式服裝，還是鞋子包包等配件，**衣櫃裡首先要備妥的，是絕對不失誤的「軸色」品項**。甚至可以說「衣櫃裡全都是『軸色』！」的程度最為理想。假如能備妥多套「軸色組合」（第38頁～），不僅日常穿搭不會失誤，也能大幅降低「沒有衣服可搭配」的慌亂，為自己省下不少時間。

只不過，光以「軸色」獨挑大樑，穿搭的變化仍然有限，所以接下來的步驟，就是加入與「軸色」相近的「點綴色」。關於「點綴色」的內容，會在後面的篇章詳盡敘述（第74頁～）。

妳的魅力色系是「黃色系」？還是「藍色系」？

一般來說，人適合的色系可以分為**黃色色調與藍色色調**。

左頁的圓環圖中，比較適合虛線上半部的黃色色調的人，軸色就是屬於「黃色系」；而另一種便是適合虛線下半部的「藍色系」。當知道自己比較適合哪種色調，就能得到「軸色」。在第二章我們會詳細說明兩者如何區分。

請翻到下一頁，正是「黃色系」與「藍色系」兩種色調，各自以「軸色」為主的穿搭例子。整體呈現的感覺不會太刻意，卻具有協調的美感。像這樣既高雅又有品味的穿著，便是「軸色」的魔力。

瞭解色彩的樣貌
帶妳找到適合的顏色

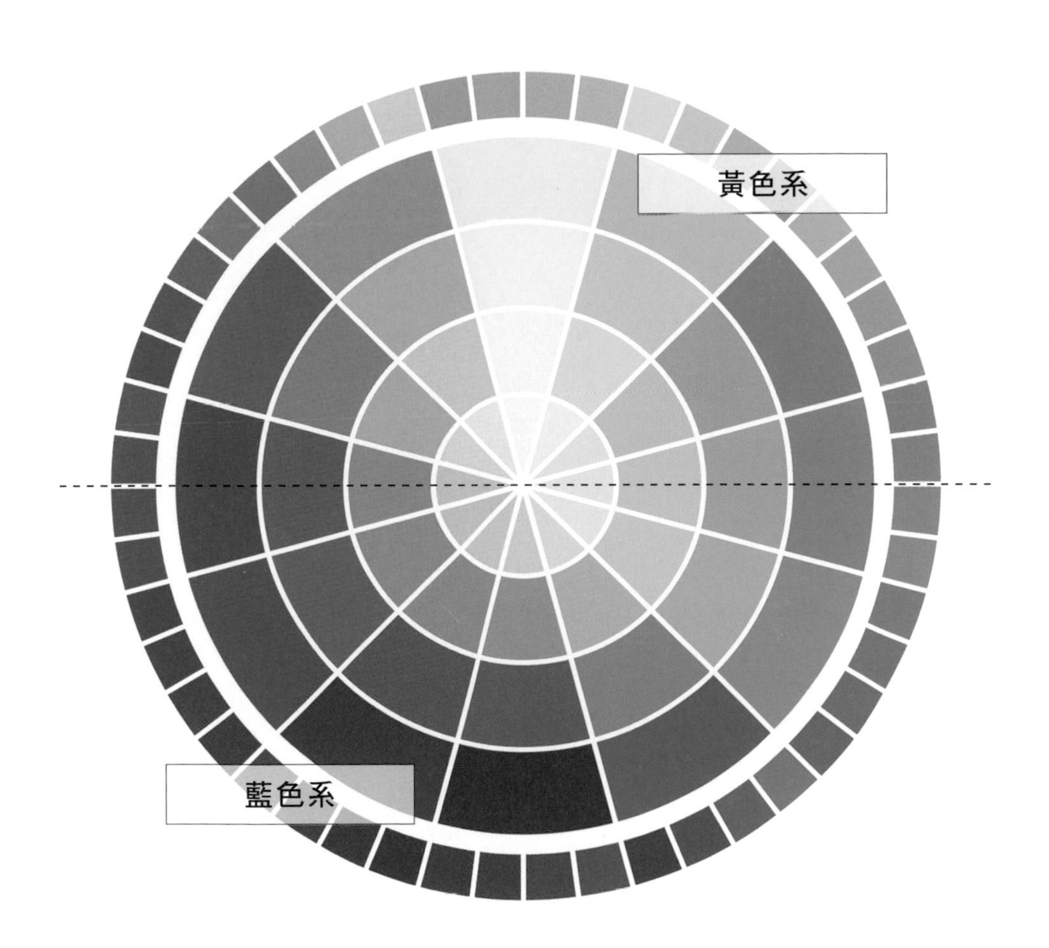

本圖稱為「色相環」，是以色彩理論為基礎，將主要的色彩排列出來。若妳適合色相環上半部的顏色，軸色就是「黃色系」；而適合色相環下半部的顏色，軸色就是「藍色系」。

整體穿搭中「軸色」佔七成，簡約又時髦

黃色系

軸色為黃色系的妳，可運用米色與卡其色，搭配出質感的休閒穿搭。將米色再分出深淺，增添層次感。

●長版襯衫／3rd Spring、坦克背心／une robe me、褲子／BRISEMY 包包／A VACATION（AMAN）、包鞋／TALANTON by DIANA（DIANA銀座本店）、手環／GU（私物）

藍色系

軸色為藍色系的妳，可運用灰色為基底，發揮紫色做為「點綴色」的魅力，穿出成熟休閒風格。

●針織衫／BEATRICE（FACE SANS FARD）、丹寧褲／Atelier Notify（AMAN）、手環／JUICY ROCK、披肩／Creed（Creed Pressroom）帆布鞋／CONVERSE（CONVERSE INFORMATION CENTER）

LESSON

2

找出妳的專屬「軸色」

妳覺得「米色、焦糖色、卡其色」比較對味？
還是「海軍藍、灰色、深褐色」更討喜？
不如從妳與生俱來的膚色、瞳孔色、髮色，
找到妳專屬的穿搭「軸色」吧！

「軸色」取決於膚色、瞳孔色和髮色

想知道自己的軸色是黃色系或藍色系，取決於**膚色、瞳孔色或髮色等與生俱來的顏色**。通常我們習慣以自己的膚色為參考指標，但在下兩頁也會告訴大家膚色以外，更全面的辨別方法。順帶一提，我自己的軸色是「黃色系」。

在辨別自己適合黃色系還是藍色系時，或許很難憑肉眼下判斷，這時，不妨透過親自試穿、照鏡子，若是化妝品，就用試用品來確認。也可以回想過往的穿搭印象，像是穿到「就是這件了」的上衣顏色、讓人一眼相中的針織衫顏色、不自覺被吸引的唇膏色，或被稱讚很適合的髮色等等，生活中一定有相當多與「顏色」交手的經驗。

也不妨詢問朋友「我穿什麼顏色比較好看？」若真的有難以決定的選項，以先不衝動買為佳。在第28～31頁中，會讓各位認識構成「黃色系」與「藍色系」穿搭基礎的「軸色」。

偏向**「黃色系」的妳，米色・焦糖色・卡其色是「軸色」。如果是適合「藍色系」，則「軸色」為海軍藍・灰色・深褐色。**

這三種顏色就是能凸顯妳的專屬軸色。以此為穿搭基礎，搭配後的整體視覺就能萬無一失，引領出時尚且有氣質的形象。只要確實掌握住這個主軸，縱使其它部分稍有失誤，依舊能出色漂亮，因此，「軸色」是成熟大人的絕佳拍檔。

在日常生活的選搭時，可以考慮當天的心情、想傳達的氛圍、喜歡的品項，並試著從適合自己的三個軸色中**挑選一個顏色，作為「當天的軸色」**。具體的穿搭組合，請見第三章。

找到自己的「軸色」

1／參考唇膏顏色

妳知道能讓自己臉部提亮、增添好氣色的唇膏顏色嗎？ 如果是珊瑚色、橘色、奶茶色系，妳的軸色就是「黃色系」，如果是粉色、玫瑰色、粉藕色，妳的軸色就是屬於「藍色系」。反之，也能從搽上唇膏後顯得暗沉、有點突兀，或依經驗絕對不會選的顏色判別自己相對適合的色系。

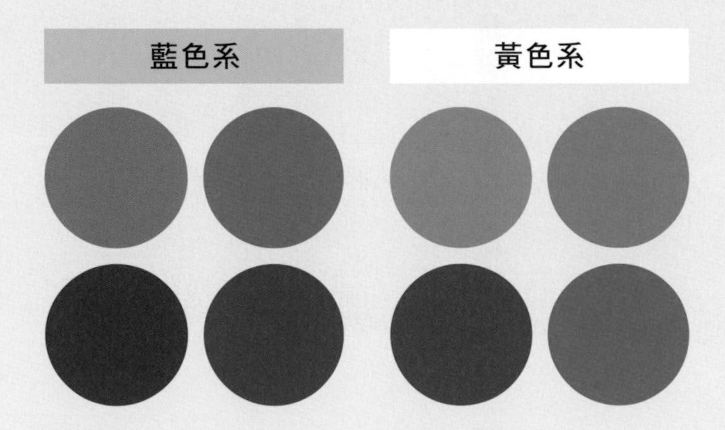

2／參考瞳孔色

眼珠以黑色為主但帶點黃綠的淺褐色，就屬於「黃色系」。若像是偏深紅的黑褐色，軸色就是「藍色系」（深褐色或紅褐色，是介於兩者之間的類型，請跳過此參考項目。）

3 參考髮色

這裡指的不是原生髮色，而是以頭髮染色的經驗來判別。若染黑髮色會顯得很沉重，代表妳是「黃色系」，但如果染明亮偏黃的褐色會感覺怪異，則是「藍色系」。

4 搭配軸色色系中的任兩色

妳認為自己比較適合穿「米色×焦糖色」還是「海軍藍×灰色」呢？如果是「米色×焦糖色」的話，就是「黃色系」，如果是「海軍藍×灰色」，就屬於「藍色系」。當然也可以從自己不適合，或不喜歡的組合判斷。

5 參考膚色時，運用色卡（P.186～189）

站在鏡子前，從色卡中挑出一組「較喜歡的顏色」和「不會選的顏色」，將兩組色卡分別擺到臉龐，若顯得不健康、沒精神就是不適合。不適合P186、188顏色的人，軸色就是屬於「黃色系」；而不適合P187、189顏色的人，軸色便是「藍色系」。

若將P186、187想成唇膏的顏色，而P188、189為針織衫的概念來思考，就能輕易理解。

黄色系「軸色」是這三色

透過P.26～27判別確認屬於「黃色系」的人，
請將米色、焦糖色、卡其色這三種顏色，
作為「軸色」最佳搭檔。
另外，偏黃的米色也很適合。

BEIGE

米色

CAMEL

焦糖色

KHAKI

卡其色

黃色系　運用「軸色」的整體穿搭示意

藍色系「軸色」是這三色

透過P.26～27判別確認屬於「藍色系」的人，
「軸色」為海軍藍、灰色、深褐色這三種顏色。
務必活用為穿衣的基礎色。
另外挑選褐色中不過亮、偏紅色的顏色為佳

NAVY
海軍藍

GRAY
灰色

DARK BROWN
深褐色

藍色系　運用「軸色」的整體穿搭示意

如果難以分辨自己的軸色色系……

其實，大部分的人對於自己「適合什麼」並不是那麼清楚，對吧？

然而，雖然不太確定什麼「適合」自己，不過倒是很清楚自己「不適合」什麼。所以**難以判斷的時候，不妨從「不適合的顏色」來找看看**。

因為要完全學會「色彩理論」本來就不太容易。我自己呢，花了三年時間上「色彩課」，長時間在混和顏料練習調色，紮紮實實學習調整顏色的技巧，再依據「Color＋shape®」理論，才終於能分辨出色彩的細微差異。

本書便是以這些內容為基礎，淺顯易懂地說明色彩理論的精髓。

在自然光線下
確認自己的軸色色系

顏色會依光線的強弱有所改變。
所以建議要判斷自己的色系時，
將鏡子擺在朝北的窗邊，
在不會過亮的自然光線下進行。

試看看只用「軸色」穿搭，發現自己的天生魅力

找出自己的「軸色色系」後，請到平時常去的服飾店，**試穿上「軸色」的一件式洋裝或套裝**，推薦把三個軸色都試過一輪，再抹上最喜愛的唇膏站在鏡子前看看，有覺得膚色比平常更顯明亮嗎？整體而言簡約中又帶有俐落時髦的感覺？或者單純就覺得「很好看」？

「沒想到看起來很不賴。」能這樣帶給妳自信的，正是「軸色」穿搭！

如果透過這樣的方式也還無法判別軸色的人，請再穿一組「對比的軸色」看看，不論是一件式洋裝或套裝都好，跟前一套「自己的軸色」比較效果。如此一來，妳一定能感受到「適合的」顏色帶來的魅力能量。

我應用「軸色」中的米色進行的單色穿搭。點綴色為帶橘色的唇膏，再加上有光澤的飾品，簡約中也流露出迷人風采。
●上衣、褲子／Deuxiéme Classe、包包／LOEWE、包鞋／PELLICO、耳環／DECOLLTE accessory、手環／JUICY ROCK（皆為私物）

LESSON

3

不會出錯的基礎軸色穿搭法

立刻來打造自己的「軸色穿搭」吧！
從手邊現有的品項，選搭出上衣、包包、鞋子的「軸色組合」，
出門前只要決定下半身就完成！

掌握「軸色組合」，日常穿搭零失誤

確定自己的「軸色」後，來嘗試改變穿搭習慣吧。

首先，在現有衣物中**找出「軸色」的上衣、包包和鞋子，這三樣物品搭成一套「軸色組合」**。全身以這個組合為基礎，就會形成整體視覺大約七成會是襯托妳的「軸色」，且色彩分散得恰到好處，顯得舒服協調，這時無論下身怎麼搭配，都絕對好看迷人。

接著，選擇搭配「軸色組合」的**基本色下身**。光是一個簡單動作，就能完成具好感的穿搭！任意替換下身單品，就可以創造多種好看又適合你的搭配。抓到感覺之後，再進行「進階版」穿搭，適當加入「點綴色」來一口氣提升時髦感！

任誰都可以打造時尚感的穿搭訣竅

準備
P40～P43

選定妳的
「軸色組合」

「軸色組合」
＋基本色下身
零失誤基礎穿搭

「軸色組合」
＋點綴色下身或配件
提升時髦感

選定「軸色組合」的方法

1 從衣櫃現有的衣服和配件挑出與「自己的軸色」相近的物品

確認手邊的衣服、包包和鞋子。只需要挑出與自己的三個「軸色」相近的物品，並排列整齊。

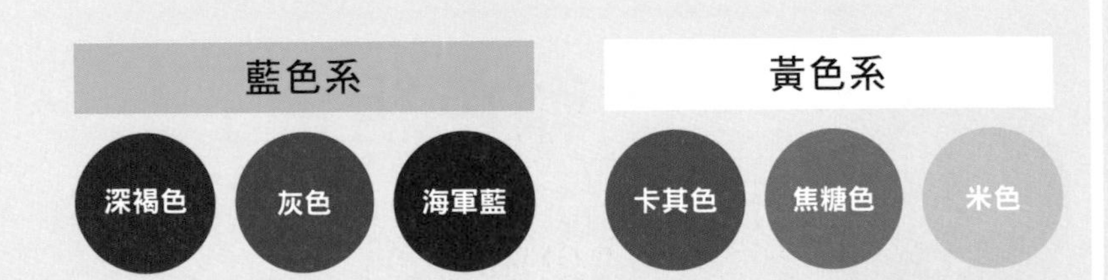

2 打造上衣＋包包＋鞋子的三件式「軸色組合」

在步驟1整理出來的服飾中，找出顏色相近的衣服、包包和鞋子並組成一套。上衣不論是針織衫、襯衫、開襟衫、外套都可以。如果湊不到三件品項，只有兩樣也沒關係。除了自己的「軸色」外，如果有其它能夠成套的顏色組合，可以先拍照存檔，日後說不定能派上用場。

3 慢慢添購缺少的品項

如果無法配好三件一套的組合，為了成套請添購缺少的品項。請事先拍好原有的物品照片，採買時不但能快速確認已擁有的品項和顏色，加入新的單品時也才能協調地搭成一套。一旦準備好三件組，出門前只要選擇任一「軸色組合」再決定下半身，就能配搭自如。

打造上衣＋包包＋鞋子的「軸色組合」

黃色系

米色組

「黃色系」必備的穿搭基本色，米色與任何顏色都百搭。尤以米黃色或米橘色為佳。●針織衫／BEATRICE（FACE SANS FARD）、包包／Epoi（Epoi本店）、包鞋／PELLICO（私物）

焦糖色組

萬能的焦糖色，簡單搭配也能散發女性魅力，務必讓它成為妳的好搭檔。●針織衫／QUINOA BOUTIQUE（BURN BREEZE）、包包／ADINA MUSE（ADINA MUSE SHIBUYA）、包鞋／GU

卡其色組

展現率性氛圍時最適合的顏色。如果不擅長駕馭卡其色，或怕過於男孩風，試著搽上腮紅或唇膏，就能增添女人味。●襯衫／Emma Taylor（STYLE BAR）、包包／Epoi（Epoi本店）、包鞋／STYLE DELI

下方是「黃色系」與「藍色系」各自的「軸色組合」。
既然已經了解自己的軸色色系了，
現在就挑選其中一色開始組合吧！

藍色系

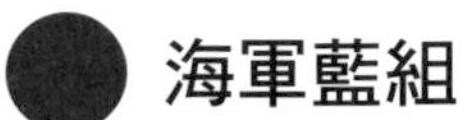

海軍藍組

具知性與洗鍊氛圍的深藍色，與其它的「軸色」很好搭配，能盡情享受組合的樂趣。●襯衫／YANUK（CAITAC INTERNATIONAL）、包鞋／DIANA（DIANA 銀座本店）、包包／ZARA（私物）

灰色組

推薦帶點藍的灰色給「藍色系軸色」的人。選擇適合的明度（參考P.68～），會更好搭配。●開襟衫／HUANT（GUEST LIST）、包包／Epoi（Epoi本店）、包鞋／TALANTON by DIANA（DIANA 銀座本店）

深褐色組

這是能讓軸色為「藍色系」的人，顯得成熟、高品味的顏色。建議挑選稍微偏暗的巧克力色。●開襟衫／Littlechic（THE SUIT COMPANY銀座本店）、VINTAGE包包／une robe me、包鞋／PELLICO（私物）

任意挑選下身單品，搭配「軸色組合」帶出協調感！

準備好「軸色組合」後，馬上來嘗試真正適合妳的穿搭風格吧。

首先**將手邊擁有的下半身單品，搭配妳的「軸色組合」看看**。光是一個簡單的搭配動作，穿搭就完成了！「軸色組合」本身就能帶出協調感，下身不論配什麼，基本上都不會出錯。

最簡單的方式是一開始先選配黑色或白色的下身單品，接著試看看手邊一定有的「自己的軸色」，或是「對比的軸色」品項。熟練這幾種穿搭之後，將下身顏色換成「點綴色」（參考第74頁～）也別有風格。妳會發現，只要把「軸色組合」確實備妥，沉睡在衣櫃中的單品一定都能展露身手。

挑選下半身單品搭配「軸色組合」即可！

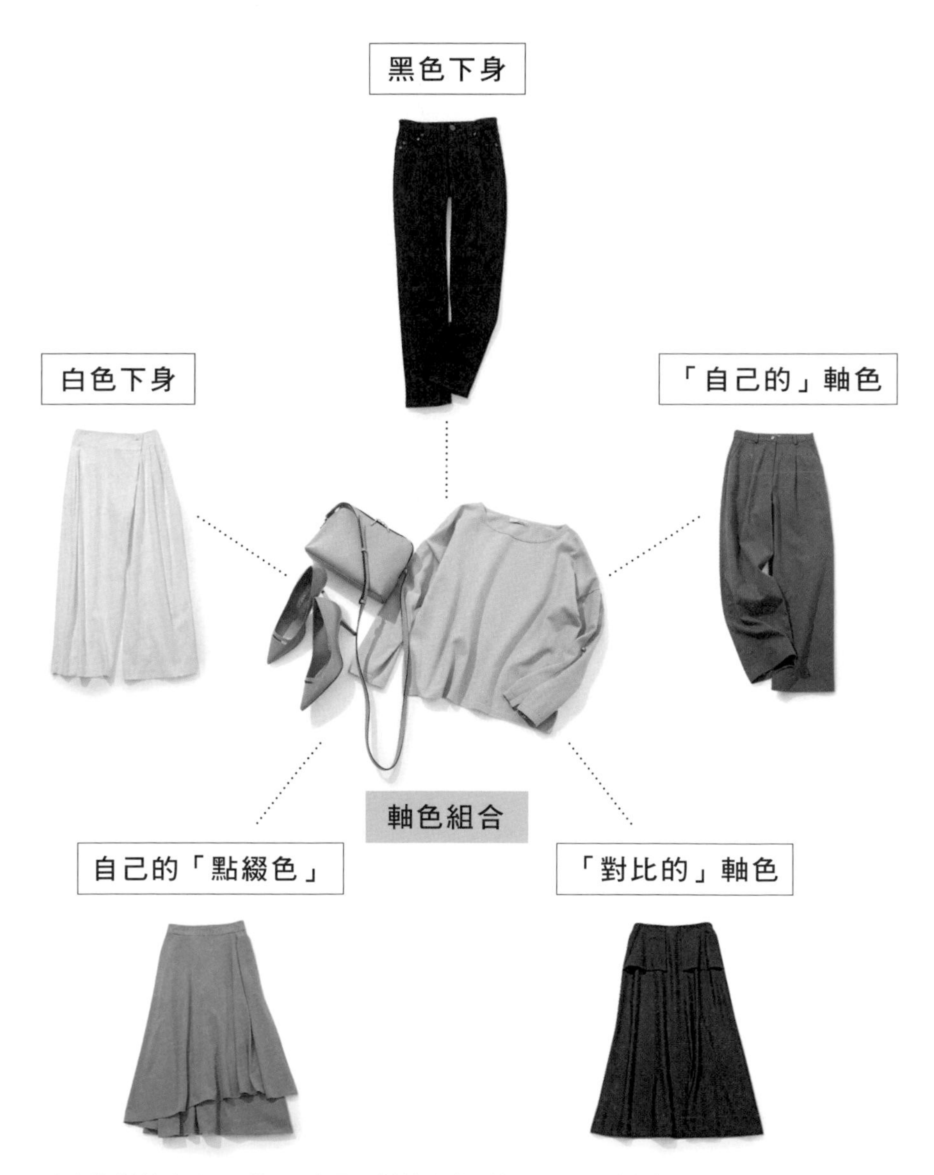

米色的「軸色組合」』搭配示意圖。「軸色組合」請參照P.42。〈自上順時針方向〉黑褲／YANUK（CAITAC INTERNATIONAL）、卡其寬褲／Isn't She？、海軍藍圓裙／RIVER、橘色圓裙／nostalgia（私物）、白色寬褲／une robe me

「軸色組合」之外再加一色，零失誤的出眾穿搭！

妳的衣櫃中有白色褲子或黑色裙子嗎？此外，「黃色系」或「藍色系」的軸色中（米色・焦糖色・卡其色／深藍・灰色・深褐色）中，妳還擁有哪個顏色的下身單品呢？

請將「軸色組合」與任一件下半身單品搭配看看。**以「軸色組合」為基礎，全身色彩控制在兩種顏色以內，就能打造絕不失手，看似平凡卻漂亮出眾的穿搭。**另外，與「軸色組合」的同色穿搭也不會讓妳失望。

想要變化風格也很簡單。隨著身上所增加的顏色會改變印象，請參考下頁介紹的具體穿搭實例。

焦糖色的「軸色組合」搭配褲管不收邊的黑色緊身褲，展露率性的女性風格。

●針織衫／ESTNATION、丹寧褲DENIM／Deuxiéme Classe、包包／ZANELLATO、披肩／martinique、無帶扣包鞋／PELLICO、耳環／DECOLLTE accecssory、手環／JUICY ROCK（皆為私物）

「軸色組合」＋白色下身

▸▸ 展現清爽氣息的穿搭風格

黃色系

「軸色」中的任一色

卡其色　焦糖色　米色

白色

焦糖色的「軸色組合」，搭配前開衩窄裙，充滿女人味。純白色裙子增添清新印象。

●焦糖色的「軸色組合」同P.42。裙子／Littlechic（THE SUIT COMPANY銀座本店）、手錶／OLIVIA BURTON（H°M' S" WATCH STORE表參道）

與任何「軸色組合」都合拍，
清新舒爽的白色下身，能給人好印象。

海軍藍的「軸色組合」，搭配白色丹寧褲，不過於薄透的垂墜感襯衫能襯托肌膚光澤，呈現大人感氛圍。

●海軍藍的「軸色組合」同P.43。褲子／YANUK（CAITAC INTERNATIONAL）、手環／JUICY ROCK

「軸色組合」＋黑色下身

▸▸ 呈現俐落帥氣的穿搭風格

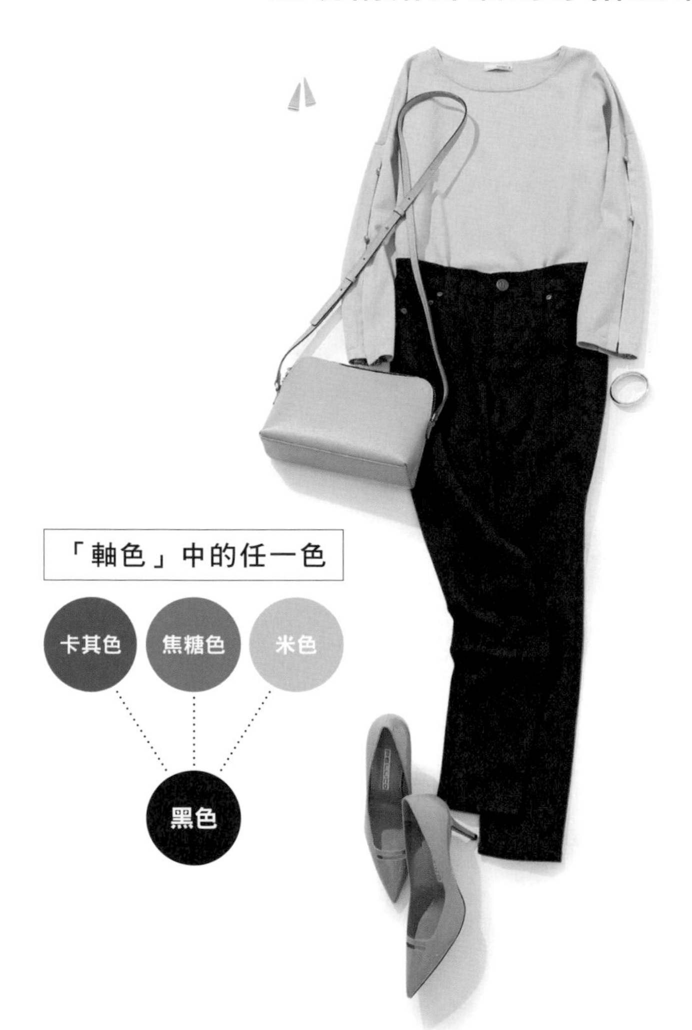

米色的「軸色組合」搭配黑色丹寧褲，甜美的圓領上衣柔和了黑色丹寧褲的率性氣息，帶出恰如其分的休閒感。簡約風格的飾品與俐落造型絕配。

●米色的「軸色組合」同P.42。褲子／YANUK（CAITAC INTERNATIONAL）耳環、手環／皆為flake

搭配黑色下身的穿搭使整體俐落收斂，增添成熟大人味。

藍色系

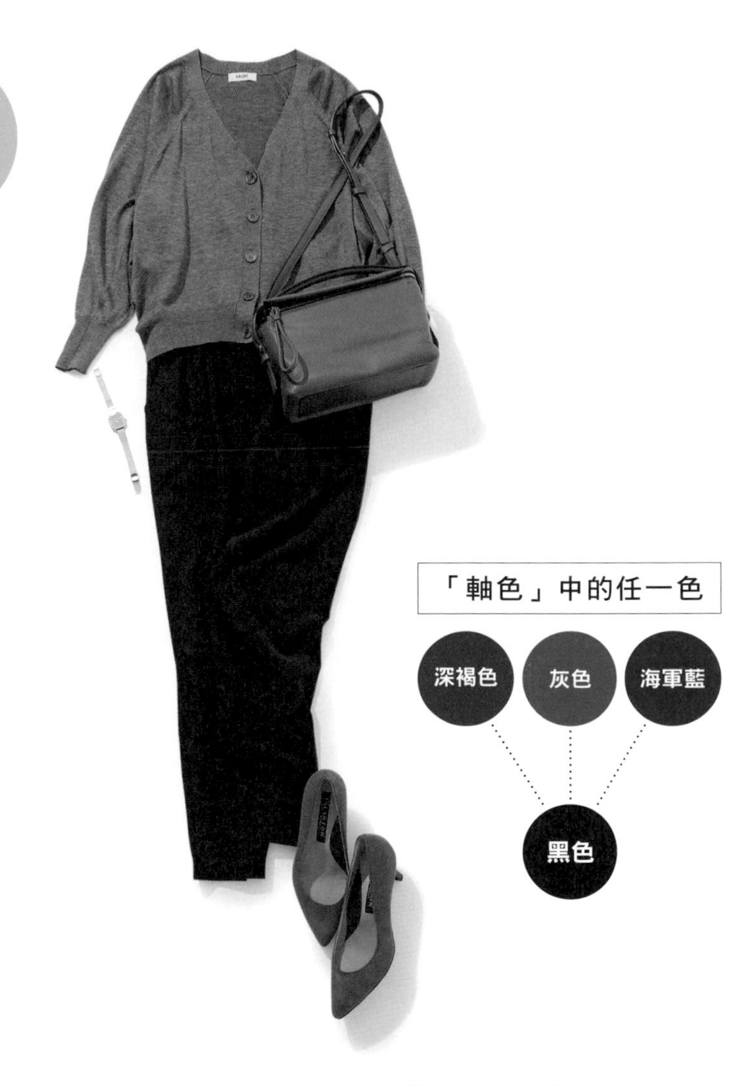

灰色的「軸色組合」搭配黑色錐形褲的簡約經典穿搭，銀色手錶與「藍色系軸色」相配，手錶選擇細錶帶的款式，不經意散發女人味。灰色的「軸色組合」同P.43。

●褲子／STYLE DELI、手錶／KOMONO（KOMONO東京）

「軸色組合」＋相同軸色下身

▸▸ 表現一致感的沉穩風格

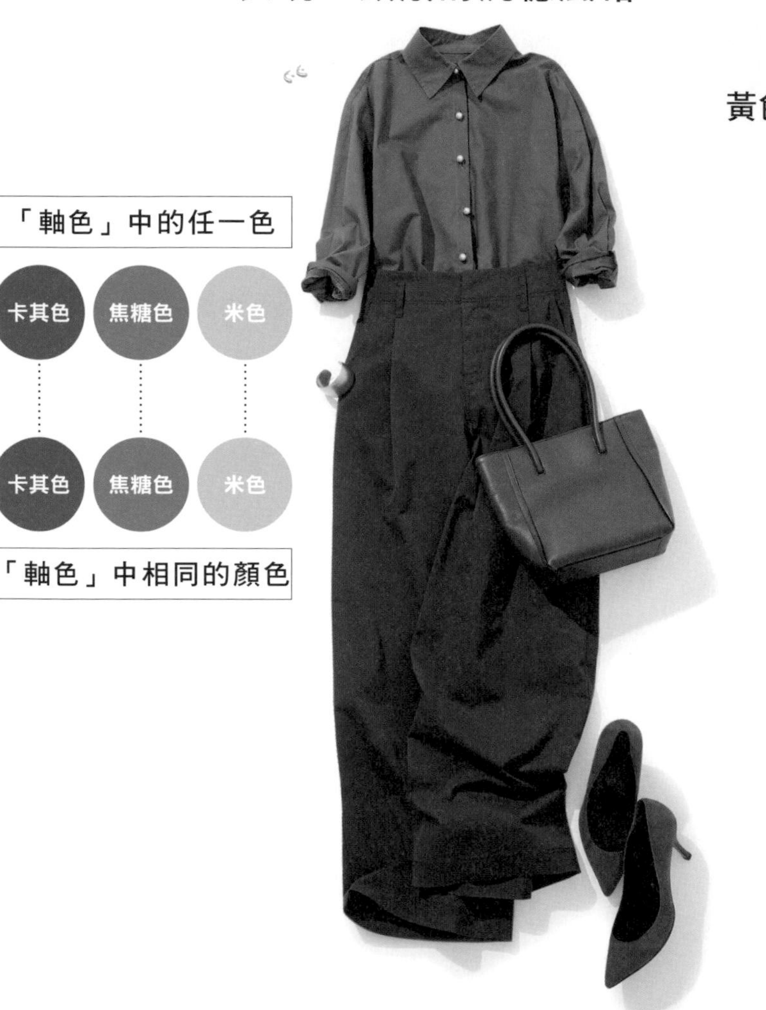

在卡其色的「軸色組合」中，搭配同色的寬褲進行單色穿搭。上衣搭配光澤成材質提亮臉部膚色。

●卡其色的「軸色組合」同P.42。褲子／BEATRICE（FACE SANS FARD）耳環／ANEMONE（SANPO CREATE）手環／JUICY ROCK

「軸色組合」搭配同色下身的質感單色穿搭，
訣竅在於掌握顏色深淺或組合不同材質。

運用偏深褐的「軸色組合」單色穿搭。長裙刻意挑選淺褐色，利用不同明度製造深淺，提高時尚感。
●偏深褐色的「軸色組合」同P43。裙子／titivate 耳環／ANEMONE（SANPO CREATE）手環／JUICY ROCK

「軸色組合」＋其它軸色下身

▸▸ 呈現高雅有品味的穿搭風格

焦糖色「軸色組合」配上同為「黃色系軸色」之一的卡其色寬襬裙。絕妙配色呈現出相容卻不黏膩的時尚穿搭。

●焦糖色的「軸色組合」同P.42。裙子／cecile、披肩／See By Chloé（MOONBAT）垂墜耳環、手環／皆為ANEMONE（SANPO CREATE）

「軸色組合」中，配搭「同軸色色系」中的另外兩色，
演繹出成熟女性的時尚感。

海軍藍「軸色組合」配搭同為「藍色系軸色」的灰色壓線褲，中性風格以高跟鞋增添女人味，搭配淺灰色披肩提升整體亮度。
●深藍色的「軸色組合」同P.43。褲子／THE SUIT COMPANY（THE SUIT COMPANY銀座本店）、披肩／K.K closet（私物）

「軸色組合」＋對比軸色下身

▸▸ 呈現高級時尚感的穿搭風格

米色的「軸色組合」，搭配「藍色系軸色」的海軍藍圓裙。配件和飾品同樣選擇「米色」系，展現令人印象深刻的高雅品味。●米色的「軸色組合」同P.42。裙子／RIVER、耳環／ANEMONE（SANPO CREATE）、手錶／OLIVIA BURTON（H° M'S" SWATCH STORE 表參道）

只要選擇「對比軸色」下身單品，不費力就完成進階穿搭。

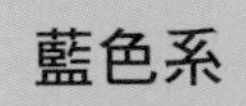

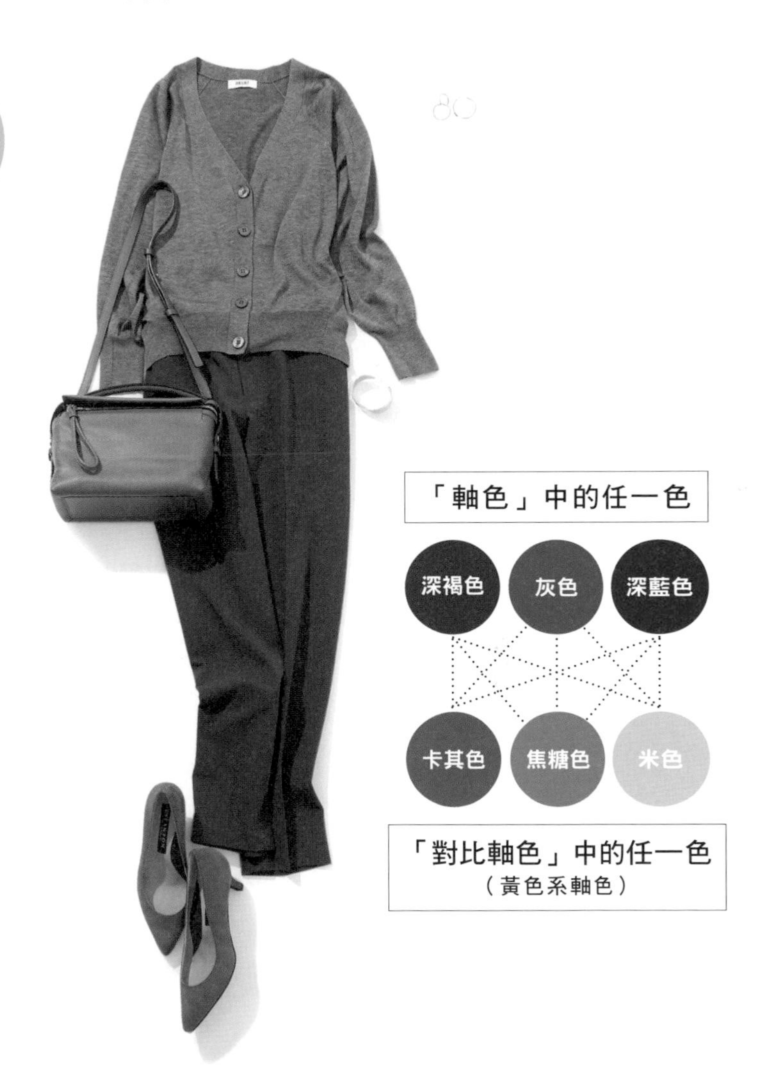

灰色的「軸色組合」中，配上「黃色系軸色」的焦糖色長褲。在沉穩印象中又帶點驚喜感，是高手級的顏色搭配。●灰色的「軸色組合」同P43。褲子／Littlechic（THE SUIT COMPANY銀座本店）、耳環／ANEMONE（SANPO CREATE）、手環／JUICY ROCK

順眼的軸色組合重點在「色調一致」

選擇「軸色組合」的三件品項時，請留意整體色調的協調感。雖然很多顏色都通稱為「米色」，但有的是米黃色，有的是裸色、杏色、米白色等等，色彩世界的範疇非常廣闊。**假如組合的色調違和，在放入「點綴色」的下身單品後，會顯得更加格格不入。**不同色調的組合實圖請參照第60～65頁，將圖片放在你的軸色組合一旁比對，整體呈現一致感就可以了。

一旦看起來「怪怪的」，要果決放下組成一套的執念，改挑其他品項吧。有經過篩選色調的軸色組合，除了平常穿搭很好用之外，還能因應各種變化。另外，只要色調一致，即使明度或彩度相異也沒關係。期待大家配搭出具整體感的舒心組合。

色調違合的組合，
搭配點綴色後會顯得更加黯淡。

色調不同的軸色組合，容易看起來格格不入。
要確認色調是否相合的方法，最好是將圖片擺在實體衣飾旁邊比對。若正在添購新衣服，記得事先用手機拍下想配成一套的品項，在店裡或是購物網站的畫面旁進行確認。為使顏色準確，請在自然光線下拍攝，避免在陽光直射下或燈光下拍攝。
●褲子／Uniqlo（私物）、其他的品項請見P.60～61。

「軸色組合」的挑選祕訣

米黃色

米色系是最好用的「黃色系軸色」，尤其「米黃色」在配搭上屬於百搭款。
●針織衫／BEATRICE（FACE SANS FARD）包包／Epoi（Epoi本店）包鞋／PELLICO（私物）

適合
黃色系

駝色

在基本色中，能成功演繹華麗時髦或清新舒爽的顏色。
●針織衫／RACEA 托特包／TOPKAPI（CRICKET）包鞋／SEVEN TWELVE THIRTY（SAINT TROPEZ Co.）

米色

Bei

灰米色

帶灰色的米色，是「藍色系軸色」的人能好好發揮的米色。
●上衣／HAUNT／HAUNT代官山（GUEST LIST）包包／LAZY SUSAN（LAZY SUSAN MYLORD新宿店）包鞋／TALANTON by DIANA（DIANA銀座本店）

適合
藍色系

粉米色

帶有一絲絲粉紅的米色，能不經意流露出可愛感。
●針織衫／Emma Taylor（STYLE BAR）短靴／W&M（INDLE）包包／PELLICO（私物）

褐色

brown

黃褐色

偏黃的褐色與「黃色系」絕配。應用在稍微正式的場合裡顯得亮麗有型。

●外套／RACEA、包包／ZANELLATO（AMAN）、包鞋／PELLICO（私物）

適合
黃色系

焦糖色

這款屬於偏紅的褐色，是「黃色系」的人想展現女性魅力時的最佳選擇。

●針織衫／QUINOA BOUTIQUE（BURN BREEZE）、包包／ADINA MUSE（ADINA MUSE SHIBUYA）包鞋／GU

Bro

深褐色

如巧克力般的深褐色，是能提升「藍色系」穿搭質感的必備色。
●開襟衫／Littlechic（THE SUIT COMPANY銀座本店）VINTAGE、包包／une robe me 、包鞋／PELLICO（私物）

適合
藍色系

摩卡色

摩卡色也被稱作粉褐色，在「藍色系」穿搭中能完美襯托出女性的柔美感。
●包鞋／GU、針織衫／fifth、包包／無品牌（皆為私物）

卡其色

黃卡其色

帶黃的卡其色，是適合「黃色系」的顏色。能靈活用於休閒與正式風格。還能作為「藍色系」的時髦撞色。
●襯衫／Emma Taylor（STYLE BAR）、包包／Epoi（Epoi本店）、包鞋／STYLE DELI

軍綠色

軍綠卡其色很適合軸色為「黃色系」者，卡其色中有各種深淺分別，參考第82~83頁選擇合適明度。偏藍的卡其色則適合軸色為「藍色系」的人。
●針織衫／SAINT JAMES（SAINT JAMES代官山店）、包包／ZANELLATO（AMAN）、包鞋／SESTO（私物）

黃灰色

在灰色中，偏米黃的灰色與軸色為「黃色系」的人相當合拍。選擇適合的明度（P.82～83）尤佳。
●襯衫／STYLE DELI、包包／STELLA McCARTNEY、包鞋／ESTNATION（皆為私物）

海軍藍

Navy

鐵藍色

原本適合軸色為「藍色系」的海軍藍中，若是選擇略帶黃的沉穩鐵藍色，意外能讓「黃色系」的人穿起來恰到好處。

●襯衫／YANUK（CAITAC INTERNATIONAL）、包鞋／DIANA（DIANA銀座本店）、包包／ZARA（私物）

靛藍色

帶紫的深藍色給人低調奢華又充滿女人味的印象。適合簡約潔淨的大人感穿搭。

●襯衫／YANUK（CAITAC INTERNATIONAL）、包包／無品牌、包鞋／ZARA（皆為私物）

灰色

Gr

藍灰色

帶藍的灰色是能襯托「藍色系」人的魅力色。只要選擇適合的明度（P.82～83），「黃色系」的人也能完美詮釋。

●針織衫／HUANT（GUEST LIST）、包包／Epoi（Epoi本店）、包鞋／TALANTON by DIANA（DIANA銀座本店）

挑選適合大人的白色

白色單品與任何顏色搭配都順眼，使用上可以隨心所欲。但看似簡單的「白色」其實不盡相同，從乾淨分明的「純白」到自然的「奶油白」，色調有別。要**同時使用多樣白色品項時，只要留意色調的協調感**，就能穿得出色。

其實，每個人適合的白色都不一樣。軸色為「藍色系」的人，就很適合偏冷調的「純白」，但隨著年齡增長，會變得適合「米白」。因為偏冷調的白色，會顯得肌膚暗沉，或凸顯細紋；另外軸色為「黃色系」的人，則能完美演繹暖系的「奶油白」，還有不論軸色是「黃色系」或「藍色系」都能輕鬆運用的是「米白色」。建議大家以適合自己的白色，展現潔淨的成熟穿著。

白色的色調搭配

適合 黃色系 軸色

>> 奶油白

自然印象偏黃的白色。●針織衫／3rd Spring、帆布鞋／CONVERSE（CONVERSE INFORMATION CENTER）

White

黃色系 藍色系 軸色都適合

>> 米白色

任何人都很百搭的基本白色。●襯衫、褲子／皆為YANUK（CAITAC INTERNATIONAL）

適合 藍色系 軸色

>> 純白色

充滿潔淨感的「純白」。因帶冷色調，所以適合軸色為「藍色系」的人。●襯衫／UNIQLO、運動鞋／adidas（私物）

找到專屬自己的灰色

有些人會覺得穿灰色「太樸素」「輪廓黯淡」甚至「沒精神」，或許只是選擇的灰色明度不適合自己。

灰色的關鍵在明度（也就是「深淺」）。如果是瞳孔偏褐色的人，或是適合明亮髮色的人，就適合「淺灰色」；若瞳孔色或髮色偏黑，或是髮色稍亮就感覺「怪怪的」，則擅於詮釋「深灰色」。

此外，早春時喜歡且會愛用粉彩色系單品的人，比較適合淺灰色；若對粉彩色比較排斥的人，就適合深一點的灰色。而中性的灰色，則是任何人的安全牌。如果很難了解的話，不妨試穿看看不同明度的灰色外套來感受一下。

明度偏高

>> 淺灰色

推薦給適合淺色，也就是軸色色系屬於「黃色系」的人。
●針織衫／LAND'S END（日本LAND'S END）

Gray

適合所有人

>> 中灰色

不論是誰都能駕馭，必備的百搭中灰色。
●開襟衫／RACEA

明度偏低

>> 深灰色

推薦給適合深色，也就是軸色色系屬於「藍色系」的人。
●針織衫／STUNNING LURE（私物）

衣櫃中的「對比軸色」該怎麼辦？

知道自己的「軸色」之後，大家在平常穿衣服前是否會開始留意色彩呢？是不是會出現「不能穿另一種『軸色』」的顧慮呢？

比方說，自己的軸色色系為「黃色」的人，但是喜歡的顏色是深藍色；或是屬於「藍色系」軸色的人，衣櫃中卻有多件米色的衣服。想著「因為不是自己的『軸色』，既然不能穿了，要不要直接回收？」

並不是這樣的。

我所學習的「Color＋shape®」色彩穿搭理論，主要就考量到即使是原本「不適合」的顏色，也能融入其中。

當身上有「對比軸色」時，「自己的軸色」更能展露本事。

請翻到下一頁看看，照片中的上衣和下身都是藍灰色，這對「黃色系軸色」的我本該是難以駕馭的顏色，然而，因為我選擇搭配的「軸色組合」——「卡其色」的長版襯衫、包包和鞋子是我的專屬軸色，所以完全沒有違和感，對吧？

甚至可以這樣說（雖然是老王賣瓜），似乎還更加時髦？**一邊使用「自己的軸色」，巧妙融入與自己相牴觸的「對比軸色」，兩個色系互相輝映，傳達出洗練的印象。**

與其說妳也能穿「對比的軸色」，不如說：請大家直接嘗試看看！只要掌握好自己的「軸色」，任何特殊的顏色都能駕馭，我相信試過之後都能真實感受到軸色的魔力。

所以，不需要被「非自己的『軸色』不可」的想法綑綁。

喜歡「點綴色」或「對比軸色」都儘管放膽嘗試。只要有「說不定那個也適合？」「也許能這樣搭配？」的靈感就把握住，如此不斷拓展自己的時尚領域，想必能創造出妳的嶄新魅力！

請將「軸色」作為妳的最佳搭檔，輕鬆自在享受時髦穿搭的樂趣。

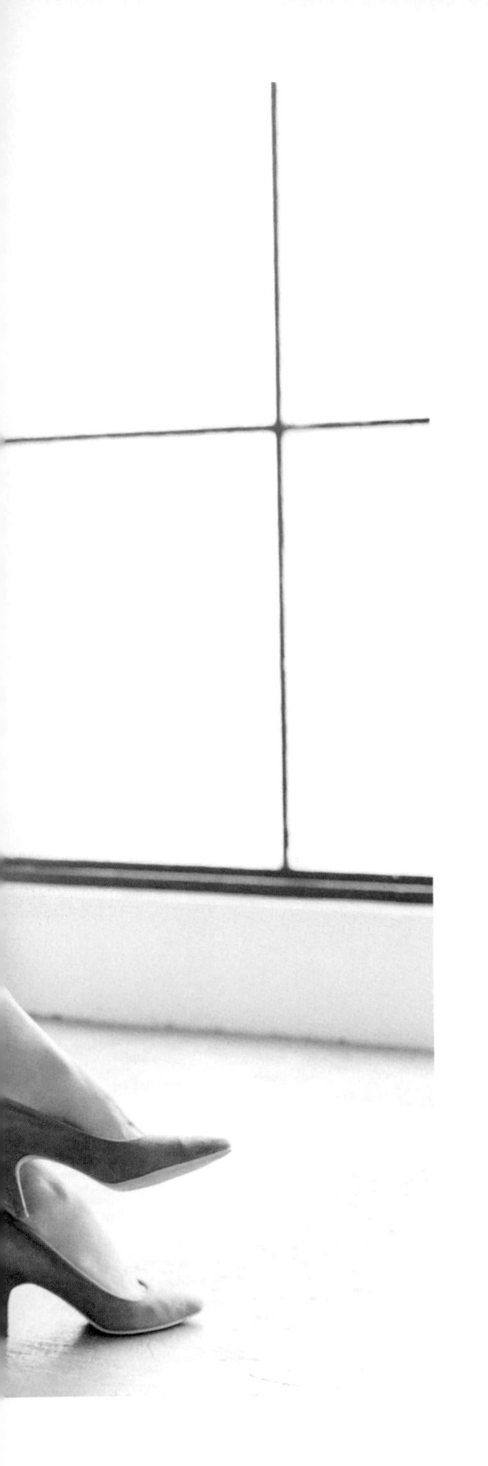

適合「藍色系」的藍灰色，搭配「黃色系」軸色之一的卡其色。雖然簡約，卻顯得自然不做作的穿搭配色，再仔細上妝，讓整體產生光澤水亮感。

●包包／ZENELLATO（AMAN）、外套／DRESSLAVE、針織衫／BANANA PUBLIC、褲子／UNIQLO、包鞋／SESTO、耳環／DECOLLTE accessory、垂墜耳環、手環／皆為CYCRO（皆為私物）

LESSON

4

加入「點綴色」延伸穿搭領域

瞭解穿著基本的「軸色」後，
也能發現適合自己的「點綴色」。
學習加入「點綴色」，進一步提升時尚度吧！

瞭解「軸色」就能發現適合的「點綴色」

許多人都這麼說：「雖然想要嘗試亮眼的顏色，卻不知道什麼顏色適合自己，所以穿來穿去總是那些基本色……」其實，只要瞭解自己的「軸色」之後，就能知道讓自己更加綻放魅力、最襯托妳的「點綴色」。

若軸色是「黃色系」，點綴色就是「黃色・橘色・綠色」三個顏色。

若軸色是「藍色系」，點綴色則為「正藍色・粉色・紫色」三個顏色。

整體先以「軸色」為基礎，再放入這三色中的任一色，就不必擔心失誤。

提到「點綴色」，或許會直接聯想到鮮豔的色彩，但其實它也包含**低明度、粉色、暗色**等顏色。一起在下一頁找到適合自己的點綴色吧。

「黃色系」軸色的焦糖色，配上同為黃色系「點綴色」的橘色，是絕對不會失誤的組合。另外希望增添清爽感，所以加入白色單品。
●大衣／Cookie Chocolate、針織衫／Deuxiéme Classe、褲子／Plage、包包／ZANELLATO、鞋子／STUNNING LURE、耳環／JUPITER、手環／JUICY ROCK（皆為私物）

讓妳魅力閃耀的三款「點綴色」！

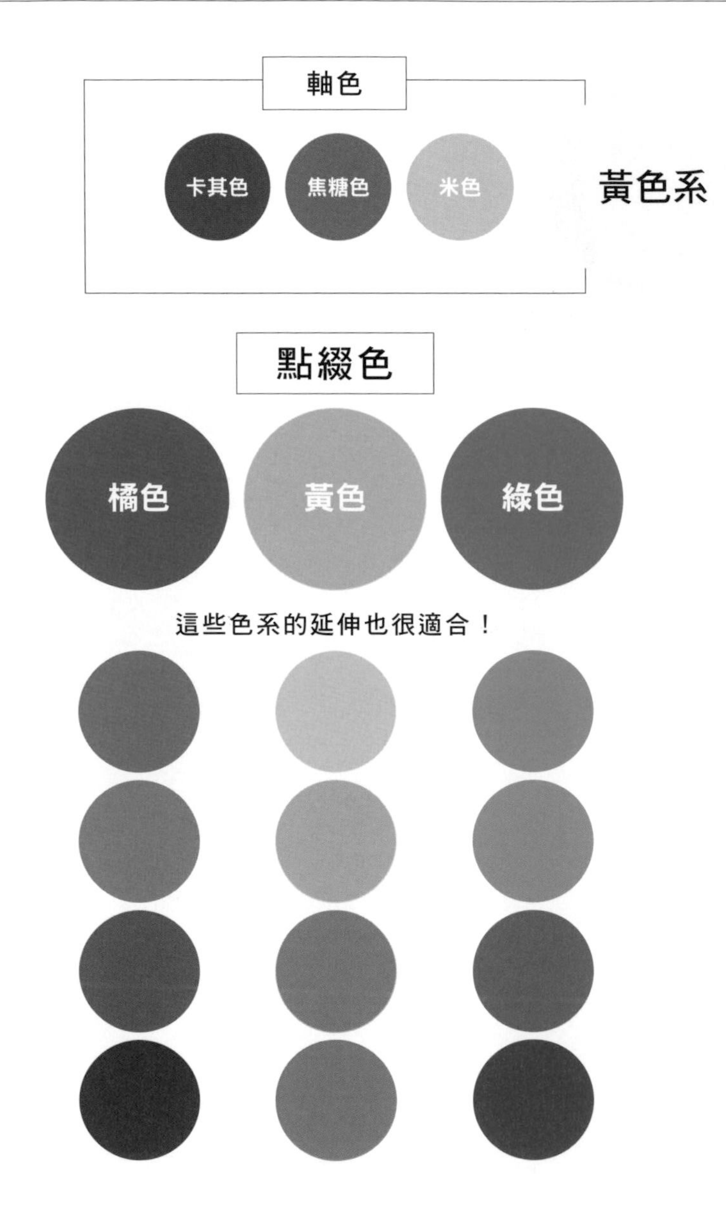

瞭解「軸色」之後，就能發現亮眼卻不突兀的「點綴色」。
應用上不會失誤，可以放心搭配。

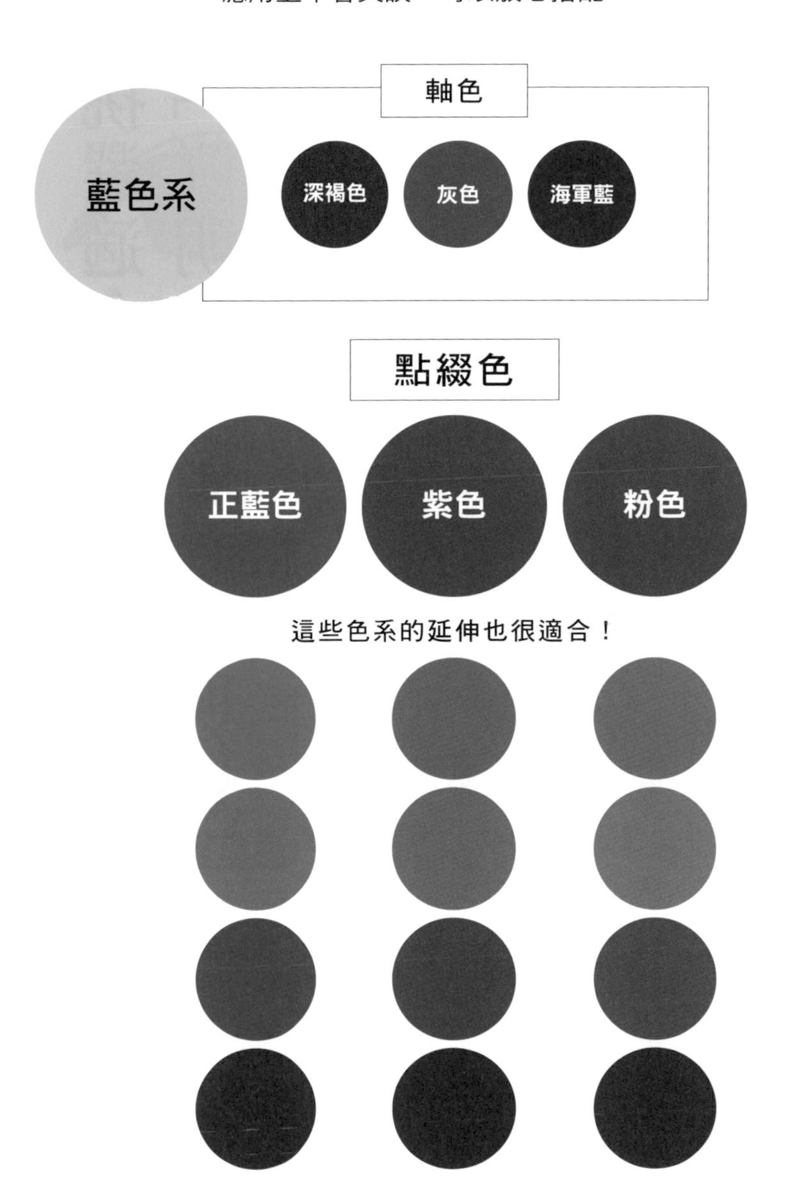

挑選適合的明暗度：「亮色」vs「暗色」

另一個選擇「點綴色」的重要關鍵，是顏色的明度（深淺程度）。**有些人適合加入白色、明度高的「亮色系」，也有人是適合加入灰色或黑色，明度低的「暗色系」**。所以當有人說自己「完全無法接受粉色」，有可能在試穿了偏暗的粉色之後，發現這個色彩能襯托自己、呈現自然又沉穩的大人感。因為我自己穿上低明度的暗色系後，整個人會變得沉重，所以主要都挑亮色系搭配。另外，幾乎所有人都會適合明度適中的顏色。

想要辨別自己適合的深淺色時，以不同明度的灰色作為參考就能容易理解，這也是「Color＋shape®」理論的應用方法。若能事先瞭解適合的「明度」，在往後購買新品時，不論「點綴色」或「軸色」，都能毫不猶豫地做出選擇。

☑ 確認自己適合哪種深淺的灰色

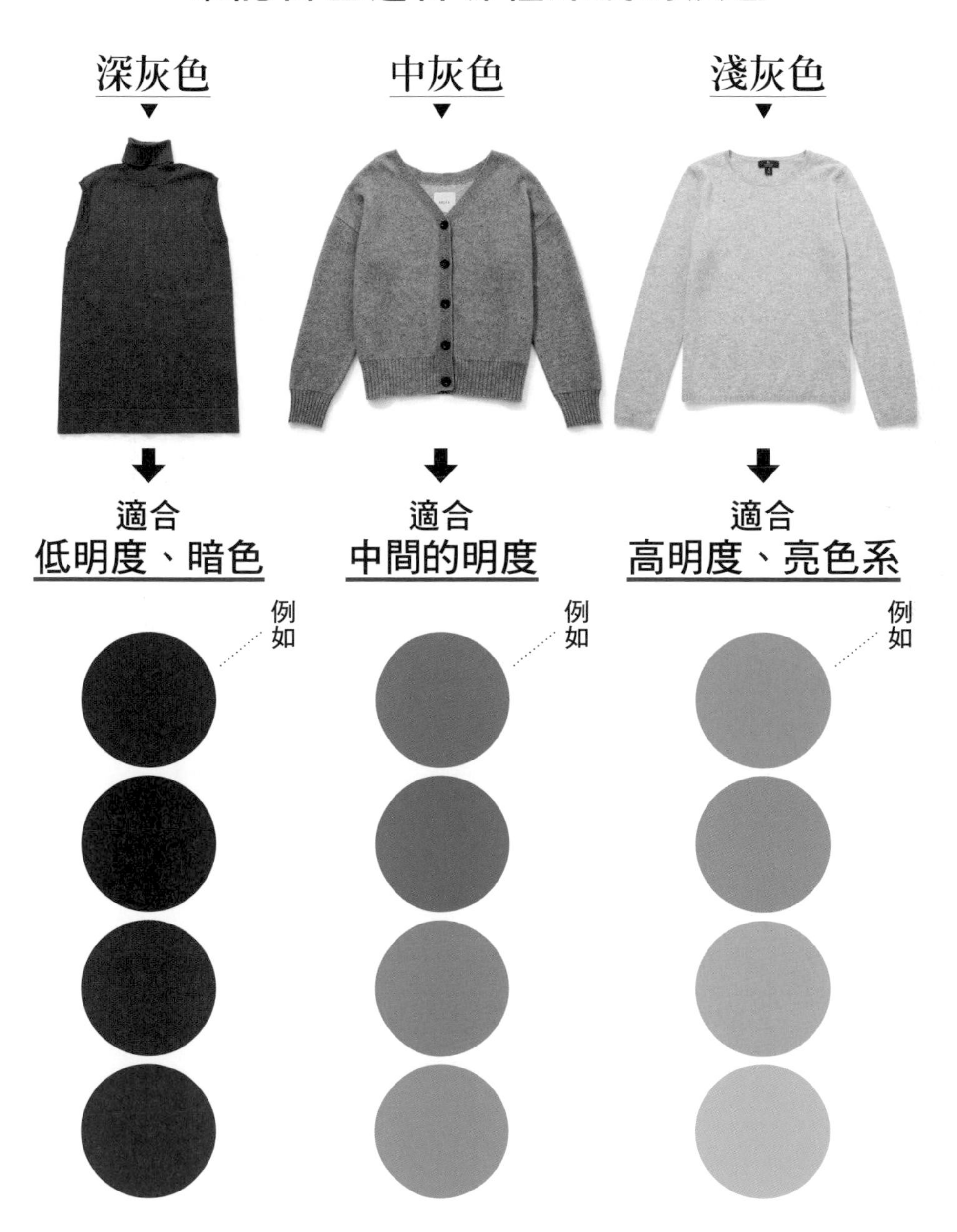

下身單品選擇「點綴色」立刻穿出新印象

知道了可以加入軸色穿搭中的「點綴色」之後，要從哪個部分開始入手呢？

我想推薦給各位的首選，是下半身單品。或許有些人會覺得「這難度好高啊！」不過某種程度上，點綴色占的面積越大，給人的印象更能煥然一新。再來，比起上身單品的位置容易影響臉部氣色，選用褲子或裙子來點綴更自然，只要選對適合自己的顏色，絕對不會顯得突兀或很刻意。

在下身放入點綴色之後，記得其它部分就用「軸色」來調和。因為順眼、有好感的要訣正是整體穿搭中的七成是「軸色」，有做到這點的話，連「稍微花俏」「有點太亮眼」的顏色，也能搭配得宜。

新東京

去地區 ×158 個朝聖熱點，
人寫給你的「最新旅遊地圖情報誌」

彩浦爽　定價／399元　出版社／蘋果屋

，那個你每年都想去的城市，現在變成了什麼樣子呢？人氣插畫家用1000張以上手繪插圖，帶你重新探索這個老又新潮的魅力城市！悶了這麼久，趕快來計畫一場東京旅行吧！

初學者的自然系花草刺繡【全圖解】

應用22種基礎針法，
繡出優雅的花卉平面繡與立體繡作品
（附QR CODE教學影片＋原寸繡圖）

作者／張美娜　定價／550元　出版社／蘋果屋

定格全圖解＋實境示範影片，打造最清晰易懂的花草刺繡入門書！收錄5種主題色×32款刺繡作品，從繡一朵單色小花開始，練習繡出繽紛的花束、花環與花籃！

一體成型！輪針編織入門書

20個基礎技巧×3種百搭款式，
輕鬆編出「Top-down knit」韓系簡約風上衣
【附QR碼示範影片】

作者／金寶謙　定價／499元　出版社／蘋果屋

從領口一路織到衣襬就完成！慵懶時髦的高領手織毛衣、澎袖手織漁夫毛衣、舒適馬海毛開襟衫……超人氣編織老師金寶謙，帶你從基礎開始，一步一步做出自己的專屬手織服！

【全圖解】初學者の鉤織入門BOOK

只要9種鉤針編織法就能完成
23款實用又可愛的生活小物（附QR code教學影片）

作者／金倫廷　定價／450元　出版社／蘋果屋

韓國各大企業、百貨、手作刊物競相邀約開課與合作，被稱為「鉤織老師們的老師」、人氣NO.1的露西老師，集結多年豐富教學經驗，以初學者角度設計的鉤織基礎書，讓你一邊學習編織技巧，一邊就做出可愛又實用的風格小物！

真正用得到！基礎縫紉書

手縫×機縫×刺繡一次學會
在家就能修改衣褲、製作托特包等風格小物

作者／羽田美香、加藤優香　定價／380元　出版社／蘋果屋

專為初學者設計，帶你從零開始熟習材料、打好基礎到精通活用！自己完成各式生活衣物縫補、手作出獨特布料小物。

瘋美食・玩廚房・品滋味・樂生活　尋找專屬自己的味覺所在

追時尚・學穿搭・漸健美・愛瘦身　打造理想中的魅力自我

好書出版・精銳盡出

台灣廣廈國際書版集團 Taiwan Mansion Cultural & Creative

BOOK GUIDE

2023 生活情報・春季號 01

知・識・力・量・大

＊書籍定價以書本封底條碼為準

地址：中和區中山路2段359巷7號2樓
電話：02-2225-5777*310；105
傳真：02-2225-8052
E-mail：TaiwanMansion@booknews.com.tw
總代理：知遠文化事業有限公司
郵政劃撥：18788328
戶名：台灣廣廈有聲圖書有限公司

自癒力・享健康・不老化・遠疾病　天天打造驚人的自癒奇蹟

樂育兒・好教養・綠手指・養寵物　日常生活中的幸福時光

專為孩子設計！趣味樹木圖鑑

暢銷

從葉子．花朵．果實．樹形．樹皮
認識450種常見植物，打造自主學習力！

作者／林將之　定價／499元　出版社／美藝學苑

一本適合與孩子共讀的樹木圖鑑百科！以有趣且專業的角度，從檢索一片葉片的形狀、花色與果實，到樹的形狀與樹皮外觀，引發孩子的好奇心，啟動觀察力，培養自主學習力！

專為孩子設計的狗狗摺紙大全集

NEW

結合「造型摺紙」×「創意著色」！
和孩子一起認識犬種特徵、玩出邏輯思維與創造力
【附創意狗狗色紙＋QR碼示範影片】

作者／金娟秀、Nmedia　定價／580元　出版社／美藝學苑

專研美術與兒童發展的韓國教育名師，獨創摺紙設計！促進整合腦部與小肌肉動作，培養注意力、觀察力和邏輯力！

專為0～3歲設計！蒙特梭利遊戲大百科

實境式圖解！激發孩童腦部五大領域發展，
160個就地取材的啟蒙遊戲

作者／朴洺珍　定價／599元　出版社／美藝學苑

蒙特梭利國際教師，親身實踐！用寶特瓶、紙箱等材料製作教具，啟動孩子的大腦，培養獨立自信、專注敏銳、邏輯思考、靈活表達力！

這樣學超好玩！第一本親子互動數學遊戲

在家就能玩，專為學齡前孩子＆忙碌家長設計！
88款從日常中學會概念、愛上數學的生活遊戲

作者／全嬨林　定價／600元　出版社／美藝學苑

不想讓孩子輸在起跑點，「學齡前就親近數學」才是孩子日後「自然喜歡數學」的關鍵！

專為孩子設計的創意摺紙大全集

10大可愛主題×175種趣味摺法，
一張紙玩出創造力×邏輯力×專注力！

作者／四方形大叔(李源杓)　定價／499元　出版社／美藝學苑

用一張紙取代手機平板，成為孩子愛不釋手的遊戲！成就感滿分，啟動孩子的腦內升級，創意啟發×邏輯思考×專注培養，一次達成！

專為孩子設計的可愛黏土大百科

2800萬家長熱推！從基礎到進階，
收錄12主題157款作品，提升孩子創意力×專注力

作者／金旼貞　定價／649元　出版社／美藝學苑

精選黏土課157款超值作品，讓收服2800萬家長的黏土老師金旼貞，告訴你如何陪孩子提升創意力、協調力，一天30分鐘玩出聰明大腦！

1天5分鐘居家斷捨

山下英子的極簡
×68個場景

作者／山

★從玄關
★全書皆以
毫不藏私分

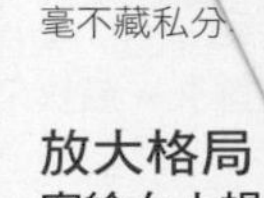

散步新
9大必
內行
作者／
東京
任

放大格局，

寫給女人提升
就算面對軟弱、

作者／曾雅嫻　定價／39

擁有百萬粉絲的新生
市一週即勇奪當當網飆
「這本書會打開妳被遮蔽
愛和善意。」

只是投資失利，又不

心理學家因投資失敗，而
所領悟到「重設人生」終

作者／金炯俊　定價／399元　出版社／

一本「投資前必須讀、萬一投資失
結虧損心理學」！
投資理財KOL／慢活夫妻George & D

我的哈佛數學課

跳脫解法、不必死記，
專門教出常春藤名校學生的名師教
「戰勝數學的方法」，再也不必怕數

作者／鄭光根　定價／420元　出版社／美藝學苑

曾經落榜三次的哈佛畢業名師，從自身
「為什麼要學數學？」「該怎麼學好數學？
書帶你突破學習盲點，建立解決問題的邏

真希望國中數學這樣教

暢銷20萬冊！6天搞懂3年數學關
跟著東大教授學，解題力大提升！

作者／西成活裕　定價／399元　出版社／美藝學苑

專為不擅長數學的你所設計，自學、教
用！應用數學專家帶你透過推理和演算
學，同時鍛鍊天天用得到的邏輯力和思考

真希望高中數學這樣教

系列暢銷20萬冊！跟著東大教授
6天掌握高中數學關鍵

作者／西成活裕、鄉和貴　定價／480元　出版社

輕鬆詼諧的手繪圖解×真誠幽默的對話
學關鍵！一本「即使是文組生，也絕對
識型漫畫，馴服數字，就從這裡開始！

藍色系「軸色」的海軍藍，配上藍色系「點綴色」的紫色。即使選用了鮮豔亮眼的紫色，與自己的「軸色」也能配合得恰到好處。

●針織衫／Littlechic（THE SUIT COMPANY銀座本店）、裙子／STYLE DELI、手環／ANEMONE（SANPO CREATE）、圍巾／ ISLAND KNIT WORKS、包鞋／DIANA（DIANA銀座本店）、包包／ZARA、耳環／JUICY ROCK（皆為私物）

小單品運用「鮮明色」帶出時髦效果

「鮮明色」，意即高彩度的品項。只要在「軸色」穿搭中加入一個鮮明色的小單品，會意外地發現看似簡單，時髦效果卻超乎預期。

即使是**不太敢運用「鮮明色」的人，從小外套、絲巾、包包、鞋子、飾品等面積不大的品項著手，就能打造優雅的造型**。我也很推薦流行的迷你包包。

此外，所謂的「鮮明色」，不必侷限亮色系。並不是所有人都適合左邊照片中，彩度和明度都偏高的亮黃色，也另有芥末黃色這種高彩度、低明度的選擇，建議都親自嘗試看看最準確，也能找到最適合自己的單品。

整體的七成穿搭使用卡其色，加入鮮黃色讓人眼前一亮。兩個顏色都屬於黃色系中的色彩，因此穿搭效果不會過於花俏卻又隨性好看。●套裝／LE PHIL、針織衫／MACKINTOSH PHILOSOPHY、包鞋／STYLE DELI、包包／LOEWE、耳環、手鍊、項鍊／皆為JUICY ROCK（皆為私物）

穿插兩次「點綴色」，躍升為都會時尚女子

如果想更進階提升時髦感，請試試在兩項單品重覆使用「同樣的點綴色」。

這裡有個重點是，第一個品項要「遠離臉部」，而第二樣單品只能占小面積。比方說，第一個「點綴色」可用於下半身、鞋子或包包等，第二個部分就選擇飾品、手錶、甲彩或迷你包包等。因為「點綴色」用在大面積的單品固然華麗，但小巧地運用則能給人極為簡約、俐落的印象。

如果要再更有層次的穿搭，可以嘗試在兩個地方的「點綴色」分出深淺色，會給人更加洗練、時髦的大人感。

包鞋與手錶選用高雅沉穩的藍綠色。整體穿搭以暗色調調合，隨性加入點綴色，能呈現質感品味。●手錶／Three Four Time（JIONE商事）、包包／Epoi（Epoi本店）、針織衫／STUNNING LURE、褲子／ZARA、包鞋／PELLICO（皆為私物）

在特別的日子想給人特殊印象

在前面章節中，我們討論出最適合搭配「軸色」的三個「點綴色」。「黃色系」的點綴色是黃色、橘色、綠色；而「藍色系」的點綴色為正藍色、粉色與紫色。接著，也瞭解如何選擇適合自己的「彩度」和「明度」，因此現在無論是誰都能搭配出迷人出色的風格了，對吧？

當然，如果想要穿建議之外的顏色也可以，只要留意「軸色」占整體穿搭的七成，任何色彩都能穿搭得宜，若有本來就鍾愛的顏色、感興趣的「點綴色」，都請盡情嘗試。

「點綴色」會大幅左右整體穿搭的印象，因此想在特別的日子，有想要**「呈現的印象」，運用「點綴色」也會是很棒的選擇**。

比方說，想突顯自己並留下深刻印象時，點綴色的部分可以選擇「鮮明色」來製造強烈對比；而希望給人清新的好感形象，就選擇彩度低的「混濁色」，或低明度的「暗色」作為點綴色，打造柔和氛圍。

也不妨採用「對比的」軸色和點綴色。

選用「對比點綴色」的話，能穿出妳的時尚敏銳度，看起來不落俗套、非常時髦；而「對比軸色」則能呈現好品味，是沉穩的大人風格。

整體的基本品項以自己的「軸色」為主，在那之後加入「點綴色」的單品，妳會驚喜發現原來自己能隨心改造印象。這都**是因為知道自己的軸色，所以能遊走在色彩之中、玩出風格**。請在各種顏色組合中，欣賞不同樣貌的自己。

「希望留下深刻印象」

▼

使用鮮明色

以黃色系
為例

在米色的「軸色組合」中，加入黃色系的「點綴色」——綠色窄裙。刻意挑選高彩度的鮮綠色，讓人眼睛一亮，成為「品味脫俗又深刻」的形象。建議在多人聚會的場合、想不經意引人注目或讓他人記住自己時使用。

「給人好感形象」

▼

使用低明度粉彩色

以藍色系
為例

在灰色的「軸色組合」中，加入藍色系的「點綴色」——粉色上衣。選用低明度的粉紅，呈現明亮柔和的氣氛。不論年齡體型都能帶來好印象的搭配，建議用在初次見面、出席孩子學校的聚會時、家族聚會，或日常穿搭都合宜。

「充滿時尚品味」

▼

使用「對比的」點綴色

以黃色系
為例

焦糖色的「軸色組合」搭配大衣，加入對比的「點綴色」——紫色下身。沉穩的焦糖色搭配藍色的大膽組合，能呈現妳的時尚敏銳度。推薦給想讓自己在姐妹聚會中與眾不同，或出門逛街等場合。

「沉著穩重感」
▼
使用「對比的」軸色

以藍色系為例

在深褐色的「軸色組合」中，加入對比「軸色」的卡其色穿搭範例。組合自己的「軸色」與「對比軸色」，具有正式感，同時又不經意讓人感到時尚的絕妙配色。可以運用在上班穿著，或想變換一下心情的日子。

簡單掌握「三色穿搭」法則

接下來，要挑戰更高超、更時髦的三色穿搭。耐看的三色混搭重點在於抓對「色彩比例」。

70：25：5。

這是三色穿搭的黃金比例。當同時使用三種顏色時，面積大小都一樣，會產生眼花撩亂的感覺，所以**一定要在比例上做出層次**。

首先抓好基礎色占整體穿搭的70%，再加入25%的第二種顏色，最後用5%的其它顏色作點綴，就能調和出順眼好看的三色穿搭。其實，光說「比例比例」，腦中可能還是難有清楚概念吧，那麼，我們依具體品項來說明，占25%和5%色彩的服飾，可以參照左表。

依照品項大小不同，比例當然會有些微落差，所以不必過於拘泥，只要把5％當作小點綴的概念即可。

建議將自己的「軸色」運用在占70％的部分，25％可以是自己軸色中的第二種顏色、對比軸色、或黑白色等容易調配的顏色。至於其它零失誤的顏色組合，還請參照第182～185頁的配色圖。

組合品項占比範例

占比	品項
70％	●上衣＋包包＋鞋子 ●下身＋包包＋鞋子 ●外套＋包包＋鞋子 ●披肩＋包包＋鞋子 ●一件式洋裝 ●套裝 ●大衣
＋	
25％	●上衣 ●下身 ●包包＋鞋子 ●包包＋內搭背心 ●包包＋圍巾、絲巾 ●鞋子＋圍巾、絲巾 ●鞋子＋內搭背心
＋	
5％	●包包 ●鞋子 ●圍巾、絲巾 ●飾品 ●手錶 ●甲彩

三色穿搭範例 之一

70% 自己的軸色①＋ 25% 自己的軸色②＋ 5% 自己的軸色③

黃色系

整體都是「黃色系」的穿搭，以焦糖色為主，米色打造俐落感，最後搭配卡其色跟鞋，讓整體印象不過於柔和。●針織衫／UNIQLO、褲子／Jines（Jines Perie千葉店）、耳環／ANEMONE（SANPO CREATE）、包鞋／STYLE DELI（私物）、包包／ZANELLATO（私物）

70% 焦糖色
自己的軸色①
＋
25% 米色
自己的軸色②
＋
5% 卡其色
自己的軸色③

藍色系

70% 灰色
自己的軸色①
＋
25% 深褐色
自己的軸色②
＋
5% 海軍藍
自己的軸色③

整體都是「藍色系」的穿搭，以灰色的上衣與褲子為主軸，穿插氣質海軍藍及深褐色。營造出沉穩時髦形象。●耳環／ANEMONE（SANPO CREATE）、手環／JUICY ROCK、包包／CHRISTIAN VILLA（Jines Perie千葉店）、包鞋／DIANA（DIANA銀座本店）針織衫／RIM.ARK、褲子／無品牌（皆為私物）

三種色彩穿搭範例 之二

70% 自己的軸色①＋ 25% 自己的軸色②＋ 5% 對比的點綴色

黃色系

米色與焦糖色的相融搭配，加入對比軸色的點綴色——藍色，馬上營造出簡練印象。用小巧的藍色迷你包作為點綴色恰到好處。●上衣／UNIQLO、褲子／upper hights（GUEST LIST）、圍巾／Furla（MOONBAT）、包包／Epoi（Epoi本店）、包鞋／PELLICO（私物）

70% 焦糖色
自己的軸色①
＋
25% 米色
自己的軸色②
＋
5% 正藍色
對比的點綴色

藍色系

70% 灰色
自己的軸色①
＋
25% 深褐色
自己的軸色②
＋
5% 黃色
對比的軸色

以灰色和深褐色兩種藍色系軸色為基礎，搭配對比的「點綴色」芥末黃，大人感中帶點俏皮的優秀組合。● 褲子／UNIQLO 垂墜耳環／ANEMONE（SANPO CREATE）、手錶／KOMONO、包包／CHRISTIAN VILLA、T恤／UNIQLO（私物）、包鞋／ZARA（私物）

LESSON

5

時尚度大提升！「進階版」軸色穿搭

具備了「軸色」的基礎知識後，
買衣服或穿搭的「障礙感」逐漸消失了，對吧？
現在，運用「軸色」來一口氣提升時尚度！

掌握軸色後
展現「穿搭達人」的熟練感

有時候想看起來時髦，卻表現得「太刻意」，在不小心失誤的時候，甚至會被問說「幹嘛裝年輕」……這應該是成熟女性經常出現的煩惱吧？

大人感所需要的時髦重點，在於「洗練感」。

這種感覺就是「穿著喜愛的衣服一點都不牽強」、「舉手投足表現得從容自在」、「瞭解自己適合什麼，也能聰明入手」甚至「享受於時尚」的感覺，整體給人「游刃有餘、很自然」的印象。

若妥善運用「軸色」，就能比想像中輕鬆掌握自然的「洗練感」。一但順利調和「軸色穿搭」，等於在無形之中學會了基本的色彩學，未來應用到選品和搭配，都會易如反掌。

那些過去認為不擅長的上衣、覺得自己沒辦法駕馭而避免的外套、因為年紀而放棄的裙褲等等，都可以開始嘗試看看。

比方說，利用圖紋也能穿出成熟的大人感、穿上紅色或粉色系也不突兀，或是將看似簡單的黑色配搭得沉穩而輕巧，以及能選不過份亮眼的飾品來點綴自身……。

在第五章中，我們會運用「軸色」知識，再傳達更多提升時尚感的訣竅。**只要稍微向下挖掘色彩的世界，就能拓展時尚的領域，也更能自在的享受其中。**

選用軸色為底色者，就能駕馭「圖案、花紋」單品

年紀大了一點之後，想要把有圖案花色的衣服穿得好看不太容易，對吧？只要穿上格紋或點點，看起來就像裝可愛；而穿了印花衣服也有可能顯得過於熟齡感。

其實「軸色」能夠解決這些問題。

首先，圖案或花紋的單品的底色選擇「自己的軸色」，或上面最顯眼的顏色是軸色。光是這樣，就能解決因色彩牴觸而顯得不順眼的情形。並且，也要留意底色和圖案彼此的顏色對比。

請回想第81頁提到的「鮮明色派」及「混濁色派」。「鮮明色派」的人適合選擇對比清晰的大圖案；而「混濁色派」，建議選擇如水彩畫般柔和、相對度較小的圖紋衣物。

若是「軸色底色」x「適當對比的圖案」就能相配！

黃色系

底色或最顯眼的顏色是米色・焦糖色・卡其色系或黃色・橘色・綠色系

在米色的底色上，配上可可色系的條紋組成的格子圖案，很適合「黃色系」的「混濁色派」。●外套／Littlechic（THE SUIT COMPANY銀座本店）

藍色系

底色或最顯眼的顏色是海軍藍・灰色・深褐色或正藍色・粉色・紫色系

在海軍藍底色上，搭配低明度的民俗風圖案，脫俗的穿搭十分推薦給「藍色系」的「混濁色派」。●裙子／Ungrid（私物）

女人味的首選——「紅色」

是否能充分展現出女人味，差別在於能不能呈現「光澤感」。

而最能帶來明顯光澤感的顏色，正是紅色。雖然許多人因為紅色太搶眼，所以一直以來選擇敬而遠之，但就過往色彩穿搭諮詢的經驗中，我覺得紅色是成熟女性必備的顏色。

當然，紅色單品還是需要慎選才不會NG。

穿紅色時想不落俗套，首先要留意與「軸色」品項是否違和。還有，盡量遠離臉部，或是占整體分量不要過多。若是想用大面積的紅色，就選擇下半身吧，而如果是小配件，就要融入在「軸色」中。比方說，配帶小巧的紅色耳環、或是紅色系的指甲油等。只需要一點點綴，就能為整體光澤感加分，營造出女人味的韻致。

留意整體仍由「軸色組合」掌控，就算是華麗的朱紅色圓裙也能穿出屬於自己的味道。●裙子／Emma Taylor（STYLE BAR）針織衫／ESTNATION、包包／ZANELLATO、無扣帶包鞋／PELLICO、耳環、手環／JUICY ROCK（以上皆為私物）

一定有適合妳的紅色和粉色單品

當成熟女性在挑選能帶來亮澤的紅色，以及總是令人憧憬的粉紅色時，色調的選擇很重要。「黃色系」與「藍色系」兩種類別適合的紅色和粉紅是不同的。若是「黃色系」，可以嘗試朱紅色，或是鮭魚粉；「藍色系」則可試看看勃根地酒紅或玫瑰粉色。

紅色的「彩度」或「明度」（參考第80～83頁）也很重要。可能穿鮮紅色顯得突兀的人，換上櫻桃般的暗紅色、酒紅色卻出色合宜；也有搭上淡粉色後氣色不好的人，改穿上鮮豔的亮粉色時意外地襯托膚色。

粉紅色是風格明確的顏色，別忘了要與「軸色」一同選搭才不會產生違和感。

黃色系

>> 朱紅色 偏暖調紅色系

●剪裁針織／Le minor（GUEST LIST）、包鞋REVE D'UN JOUR（私物）

>> 鮭魚粉 橘粉色系

●V領襯衫／ZARA、高跟鞋／PELLICO（皆為私物）

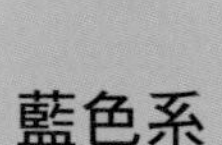

藍色系

>> 勃根地紅 偏冷調紅色系

●針織衫／iliann loeb（CAITAC INTERNATIONAL）、高跟鞋／ALEGORY（WORLD FOOTWEAR GALLERY GINZA SIX）

>> 玫瑰粉 紫粉色系

●開襟衫／GU、裙子／LE PHIL（皆為私物）

如何讓單色穿搭時髦有型

全身相同顏色的單色穿搭經常出現在時尚雜誌中，這樣的穿搭看起來成熟又有質感，但其實在日常應用中，很容易顯得單調又沉重。

因此，要只用一個顏色就穿得有型的簡單方式，就是利用深淺色製造層次。選擇上衣偏亮或下身偏暗；若是套裝或一件式洋裝，則以小配件搭出不同深淺感。只要稍加留意就能將單色穿搭得俐落時髦。

另一個方法則是**挑選霧面搭配具光澤感的面料，結合不同的材質創造變化**。單色穿搭已經不容易，若在材質上也統一的話，需要具備一定的搭配功力，否則會弄巧成拙！

所以我推薦以棉、麻、羊毛等霧面的材質，混搭絲綢、亮片金屬或滑面等光澤的材質，這樣的單色穿搭也足以抓住眼球。

若是一件式洋裝或套裝，建議**用飾品增添光澤**，這個看似簡單的小細節，卻能為大人時尚感加分不少。

如果以上這些方式都難以掌握的話，就這樣變化：在單色穿搭裡加一點白色元素，能增加俐落感，或是帶入一點具收斂效果的黑色單品。另外，使用與單色穿搭同色系的動物花紋來創造亮點，也相當出色。

拋開「黑色不會出錯」的想法

喜歡黑色衣服的人很多，對吧？是不是打開衣櫃，最多的就是黑色的衣服呢？如果問起：「為什麼衣服都選擇黑色？」就會聽到大家異口同聲說：「因為顯瘦」。

的確，白色有「放大」的視覺效果，而黑色穿起來則有縮小的錯覺，這點並沒有疑問。然而，是否能將黑色穿出洗練的美感，則另當別論了。

黑色是沉重且深具存在感的顏色，容易引人注目。其實滿多狀況是原本冀望穿上它能產生收斂效果，**反而在無意間強調了分量感。**相信各位一定看過這樣穿的人：穿上緊身的黑色貼腿褲，反倒突顯出屁股和大腿；精心挑選一襲顯瘦的黑色洋裝，卻使肩膀或肚子更醒目。

此外，黑色鞋子、黑色絲襪、和黑色的下身，也一定會讓整體重心向下，而傳達出沉重、負擔感。

更重要的是，**隨著年齡增加，會越來越不適合黑色。**因為會讓沒有光澤、暗沉的肌膚更憔悴，以及隨著年齡出現的「皺紋」會越發顯眼。

所以，**希望整體達到「顯瘦」效果的話，務必善用「軸色」！**掌握「軸色占七成」的鐵則，不僅具一致感，還能帶來清爽幹練的印象。這種方式或許比全身黑的沉重感，更具有收斂的效果，不但更加輕盈，也會顯得更年輕、有活力。

丟掉「因為要遮肉所以穿黑色」、「黑色不會錯」的執念吧，現在開始聰明地利用「軸色」，有技巧的「顯瘦」。

「黑色穿搭」的訣竅

如果還是很想穿黑色服裝的話，也是有技巧和方法的。

我們要先知道，其實黑色比想像中難以駕馭。因為容易看起來昏暗沉重，如果不是非常有時尚品味或獨特個性的人，**最好避免整身烏黑的穿搭，也盡量避免讓衣櫃一片漆黑。**

若想把黑色穿得好看，如同第82頁提到過的，依照**適合的「明度」**來提升顏色的變化吧。「鮮明色派」的人適合黑色・白色的組合，製造出搶眼的對比；而「混濁色派」適合黑色・灰色、或是黑色・奶油白，也可以用墨黑色降低對比感。如果想加入「點綴色」，也是相同邏輯，鮮明色派建議使用鮮豔的顏色，混濁色派則適合霧灰的色彩。

鮮明色派

▼

適合「黑色×白色」

混濁色派

▼

適合「黑色×灰色或奶油白」或「墨黑色×白色」

「剪裁俐落、選對色彩」看起來更年輕

身為成熟女性，只要聽到「比實際年齡看起來年輕」都會覺得開心吧？

「年輕、有活力」是讓人心情愉悅的字眼。那麼，如果是「裝年輕」呢？嗯，完全不想被這樣形容，對吧。畢竟不希望自己的穿著給人刻意裝嫩的印象。

會不小心看起來是「裝年輕」的人，大多是因為選用的品項、顏色或樣式「太孩子氣」或「過於甜美」。比方說，粉色的荷葉邊上衣，或是非常鮮豔的短裙、連帽衣等等。當然，若是符合自己的個性和特質就不成問題，但對年過四十的普通女性而言幾乎都會有點勉強。

年過四十後，挑選服裝的顏色或樣式要俐落。這是能有效避免被說「裝年輕」的選搭重點。

所謂能呈現俐落的顏色，就是軸色、灰色或暗色系；而俐落的樣式，是指沒有浪漫荷葉邊這種甜美的要素，剪裁要簡單、不孩子氣。

偶爾想要有點輕柔的感覺，或想嘗試比較年輕的設計時，可以選擇軸色或是低明度的顏色。不過，像低明度的霧粉色比較甜美，樣式上更要簡單。

成熟女性**與其堆疊俏皮可愛的要素，稍微內斂一點，反而能看起來更年輕。**

穿搭特別的色彩或圖樣時，露出一點肌膚會更漂亮！

有個顏色比「軸色」更適合妳，那就是，妳自己的膚色。

我們在度假時，會喜歡穿上不同於日常，色彩和花紋比較特別的一件式洋裝，對嗎？而且通常意外地很適合自己。這其實是因為，皮膚露出的比例增加了。肌膚輕鬆扮演著「軸色」的功能，成功駕馭原本不適合的衣服顏色。

因此，**對於比較難以掌握好的顏色，或想穿全身黑色時，請嘗試露出像是手臂、小腿等多一點的身體部位。**透過無袖上衣或中長裙來露出膚色，整體自然看起來就會融洽得宜。

其實真正適合黑色的人並不多，所以適當的露出一點的膚色，就能自然融入。鞋子、耳環、唇膏，選用我自己的軸色橘色作為「點綴色」，簡單穿出屬於自己夏天風格。●上衣／Emma Taylor、褲子／Viaggio Blu、包包／ELENDEEK、無扣帶包鞋／REVE D'UN JOUR、耳環／Anne-Marie Chagnon、手環／JUICY ROCK（皆為私物）

事先備妥「軸色飾品」組合

一個時髦的女性，飾品是不可或缺的單品。**除了特殊場合，我在日常就有配戴飾品的習慣**，而使用的配件基本上也都一樣，與其說都相同，不如說是「同樣的組合」。如「軸色組合」一般，**事先準備好軸色的飾品組合非常方便**。配戴前不必猶豫，而且跟「軸色服裝」搭配也會融洽，能充分節省早晨準備的時間。

基本上，「黃色系」的人適合金色的飾品，而「藍色系」的人則相當適合銀色組合；光澤感適合「鮮明色派」，而「混濁色派」則推薦霧面的材質。不過，配合當天的穿搭或氣氛，隨意使用也不會有太大問題。

總之，事先備妥適合自己的材質和顏色的飾品好處多多，選擇平價的款式就好，弄丟既不心疼，在生活中又可以輕鬆運用。

黃色系

適合鮮明色派

>> 光澤金

●耳環／ANEMONE（SANPO CREATE）、手環／JUICY ROCK（私物）

適合混濁色派

>> 霧面金

●垂墜耳環、手環／皆為ANEMONE（SANPO CREATE）

藍色系

適合鮮明色派

>> 光澤銀

●手環、垂墜耳環／皆為JUICY ROCK

適合混濁色派

>> 霧面銀

●垂墜耳環／ANEMONE（SANPO CREATE）、手環／皆為JUICY ROCK

在軸色基礎加入動物花紋或亮眼配件

想穿出「洗練感」時，以一件能畫龍點睛的小物搭配，也是很不錯的作法，這裡推薦大家選擇動物花紋或亮眼的材質。

不過不論是哪一種，切記不要同時出現兩種元素，會顯得過於花俏，也要以「軸色」為基礎挑選，才能自然融入穿搭中。另外，**動物花紋的底色要是自己的「軸色」**。當然，亮面材質的單品也務必慎選，「黃色系」選擇金色，「藍色系」選擇銀色，棕銅色是兩個軸色都適合的百搭色。

不妨在「搭配軸色組合時」就放入特殊花紋的包包、亮眼材質的鞋子，一套上就能呈現出時尚的熟練感。

黃色系

米色
動物紋、
金色單品

●〈從右上開始順時針〉蛇紋包鞋／MEDA（私物）、金色包包／LAZY SUSAN（LAZY SUSAN）、豹紋包鞋／GU 金色、包鞋／PELLICO（私物）

藍色系

灰色
動物紋、
銀色單品

●〈從右上開始順時針〉銀色包包／J&M DAVIDSON（私物）、銀色包鞋／APPROACH（EARTH MARKETING）、蛇紋包包／STYLE DELI、（私物）豹紋絲巾／titivate

藍色系　黃色系

棕銅單品

●包鞋／FABIO RUSCONI（私物）

分析你的「骨架體型」就能告別大嬸穿搭

前面的章節我們談了如何挑選適合的色彩，但其實「衣服的質料」也會因為體型有「適合」和「不適合」的差異。**從骨架體型就能檢視出合適的衣料**。一件適合的衣服可以展現一個人的優點，並巧妙遮掩和修飾身材。

依以下三種材質對應和妳最相符的敘述，就能找到你的命定材質。

1 垂墜感上衣、針織衫
2 純棉、微正式的襯衫、細針織衫
3 亞麻襯衫、粗針織衫

適合1的人，通常是下半身有點厚度，身材凹凸有致的**曲線型**；適合2的人，腰的位置偏高，是應該有厚實肌肉的**直線型**。3是適合肩膀比較寬，骨頭或關節很明顯的**自然型**。適合各體型的詳細材質分類，請見下一頁。

尤其**在逐漸缺乏對身體線條的自信的情況下，更需要選擇適合自己的材質**，才能夠自然地修飾身型，讓穿搭改變妳原本的形象，看起來年輕有活力。而**想嘗試別的材質時，務必搭上自己的軸色**。

我是擅於詮釋垂墜感上衣的曲線型。雖然類型3的材質不適合自己，不過夏天還是會想穿亞麻的衣服，所以我就選擇自己的「軸色」，例如米色或彩度與明度剛好的黃色。如此一來，就算本來不適合駕馭的材質，也不會顯得彆扭，喜歡的衣物也不會淪落到窩在衣櫃角落。

顏色和材質的選擇上，只要有一項「適合」就不妨嘗試看看，如此一來NG的衣服款式會越來越少。

依體型分類的「命定材質」清單

聰明挑選能修飾自己、展現自然魅力的材質，
並正確避開難以駕馭的衣服也是一門學問。

以貼身又柔軟舒適、垂墜感材質為佳。呈現柔美的女性特質，具設計感的也很適合。●針織衫／ESTNATION、百摺裙／Deuxiéme Classe（皆為私物）

曲線型

非常適合

◎柔軟的、具光澤的、以及有彈性的材質

◎人造纖維的上衣，如嫘縈、雪紡等

◎含人造纖維的針織衫

◎毛海針織衫

◎蕾絲

◎垂墜感摺裙

普通適合

△有分量的質地

△粗針織的材質

△皺褶加工，如百褶裙等

參考／一般社團法人 骨格體型協會

適合沒有明顯曲線的直線型簡單設計。基本款、無過多裝飾者為佳。●斜紋棉布裙/URBAN RESEARCH、細針織衫/Deuxiéme Classe(皆為私物)

直線型

非常適合

◎有彈性、有厚度的材質

◎100%純棉的襯衫、上衣

◎細針織衫

◎麂皮

◎有彈性的窄裙

◎細喀什米爾羊毛

普通適合

△輕薄柔軟的人造纖維

△皺褶加工，如百褶裙等

△華麗的蕾絲

表面紋路明顯、寬鬆的天然材質為佳。建議不要有過多加工的粗獷設計。●針織衫/GALERIE VIE、褲子/DES PRÉS(皆為私物)

自然型

非常適合

◎有厚度的天然材質

◎寬鬆麻襯衫

◎粗針織衫

◎法蘭絨

◎燈芯絨

◎厚實質感的羊毛褲

普通適合

△人造纖維

△亮面材質

△薄透的質地

△表面平滑的材質

LESSON

6

利用軸色買對衣服

從今天起，若要購買正式套裝或其它服飾配件，
就以自己的「軸色」或「點綴色」為中心。
拋開不同顏色才精彩的想法，
聰明又輕鬆地暢遊時尚吧。

成熟大人的衣櫃裡「大同小異」也無妨

我自己因為「軸色」受惠許多，除了搭配上的便利性，也省掉許多採購時的猶豫不決。以前呢，也會看著流行的顏色、今年的新色、手上還沒有的類型，覺得非得買下它不可。

現在，我的衣櫃中幾乎「都是雷同的衣物」。不論顏色、材質、樣式……或許看起來是很無趣的衣櫃，但絕對更具機能性。因為我所有的衣物都是屬於不論怎麼搭都合適的顏色和材質，大幅縮減了穿搭時間。

不管是平價或名牌，**鎖定目標後，我都會確認是否和已有的「軸色組合」相搭**

才入手。原因在於，它們保證有出場的機會！即便價格稍微高一些，只要是在多數時刻都能派上用場、能為自己帶來自信的服裝就值得。反之，「點綴色」或「對比軸色」的品項，以及會隨流行快速變化的設計，就可以選擇平價款或折扣商品。

很重要的一點是喜愛的衣服配件要勤於保養。每天留意是否有髒汙要清洗，一旦發現毛球就要處理，讓它們維持在良好狀態，才能長久的使用下去。另外，如果已經有覺得百搭的品項，可以分季節和不同材質尋找相似款。若因為常常使用而對「軸色組合」感到乏味，我也會尋找材質不同但款式類似的單品，不會刻意替換掉好不容易找到適合的衣服。

下一頁開始，我就以「軸色」為基礎，傳授各位既能省錢又能享受時髦的選物訣竅。

內搭衣也選用「軸色」更簡潔俐落

不論是內搭背心或T恤，是否不自覺都選擇黑色或灰色？請試著**將內搭背心換成「軸色」**。便宜的平價款也沒問題，一定能多少提高妳的時尚度。因為不再被存在感過重的內搭色綑綁，穿搭的可能性也隨之變廣。

即使是穿起來不那麼對盤而束之高閣的外套，如果將內搭衣換成「軸色」，或許就變得速配了。「黃色系」的人若想穿深藍色或灰色的外套，內搭就選擇米色或焦糖色；而「藍色系」的人如果想穿米色或卡其色外套，就試著搭配深藍色或灰色的內搭背心看看。

選對內搭色就能立刻時尚起來

Before

●外套／BEATRICE（FACE SANS FARD）、坦克背心／私物

以黃色系為例

After

●搭配同樣一件外套，更換內搭為和軸色接近的色彩，立刻令人眼睛一亮。坦克背心／ur's（私物）

以「一件式軸色洋裝＋開襟衫」取代居家睡衣風

沒有特別計畫的日子，像是單純只去超市買東西、接送小孩上課、遛狗這一類平凡的外出日常，妳都穿什麼呢？

我的必備服裝是「軸色」的一件式洋裝。假如一件就要決定穿搭印象，我選擇垂墜材質，**看起來比較不會像「睡衣」**，而且很方便。若是穿上能襯托自己的「軸色」一件式洋裝，**即使只略施薄妝，看起來氣色也會很不錯**。就算臨時遇到認識的人，都能自在的帶著微笑打招呼。也可配上亮一點的平底鞋與飾品加點正式感，或**多搭一件開襟衫，輕而易舉轉變過於居家的氛圍**。

雖然說是「外出的居家服」，但說到底也是「出門」了。沒必要太刻意裝扮也希望保有舒適自在的感覺，這樣子的選搭，還能給人俐落、時尚的一致印象。

輕鬆自如的穿搭，選擇和「黃色系軸色」相配的金色平底鞋，以及亮眼的「軸色」針織衫，完全扭轉一件式洋裝的居家感。洋裝／STYLE DELI、開襟衫／UNIQLO、包包／AYAKO、包鞋／BENEBIS（皆為私物）

選對丹寧褲的款式

丹寧褲看似相同，但顏色上有許多細節。不同的軸色色系有各自的選擇基準，只要挑選適合的「明度」（可參考第82頁）就不會失誤。適合淺灰色的人、「黃色系軸色」的人，穿上淺藍色丹寧褲就很好看；適合深灰色的人、「藍色系軸色」的人，我推薦穿深藍色丹寧褲。而原色丹寧褲，則是任何人、不分季節都合適。

不過，丹寧褲的版型**會隨潮流改變**，尤其款式每季都會有微妙變化。即便是超級必備款，仍要**每年確認**褲檔鬆緊、貼身度、褲腳等剪裁線條**「是否符合當下的潮流」**。即使褲型看似良好，若款式稍嫌落伍，就先讓它在衣櫃休息。因此考慮到汰換的頻率，購買「中低價位」的丹寧褲是比較好的選擇。

黃色系的人
適合淺灰色的人

>> 淺藍色丹寧

●丹寧褲／RED CARD（私物）

任何人都適合

>> 原色丹寧

●丹寧褲／RED CARD（私物）

藍色系的人
適合深灰色的人

>> 深藍色丹寧

●丹寧褲／RED CARD（GUEST LIST）

軸色套裝搭配完整妝容打造好感印象

不論是小孩的學業典禮，或在工作場合需要穿正式套裝的時候，**比起給人「時尚」的印象，「好感」的形象更重要**。正因如此，套裝務必要選「軸色」！若是穿著顏色不合適的套裝，可能會讓人感到難以親近。

基本上「黃色系」推薦米色套裝，而「藍色系」選擇深藍或灰色也不會過於正式或死板，自然帶來好印象。如果擔心太平淡，那就在妝容上花點心思，**搽上腮紅和口紅**，再以飾品點綴光澤。倘若還希望更強烈一點，在米色套裝內配上焦糖色或深褐色的內搭或小配件；而深藍色套裝，則搭配白、灰來創造對比，或加入褐色提升醒目效果。

實際上穿去參加孩子入學典禮的搭配。以「內斂的好印象」為目標，倚靠「軸色」準沒錯！●套裝、上衣／ESTNATION、包包／STYLE DELI、包鞋／PELLICO、耳環／CYCRO（皆為私物）

大衣購入平價款即可

說真的，並沒有「一件就能穿一輩子」的大衣。即便是必備的風衣外套，每年流行的款式仍然會有變動，建議以3年為基準檢查看看。

大衣當然也推薦「軸色」。因為面積占比大、又是外出常常穿的單品，選擇不失誤的顏色是唯一正解。「軸色大衣」**不但不會產生廉價感**，而且即使內搭平價的單品也足以讓妳出色好看。

所以幾乎可以這麼說，若擁有時下流行款式的軸色大衣，冬季時尚就完美無瑕。冷冷的天氣也能帶著好心情度過。

只要擁有「軸色」流行款的大衣、包包和鞋子，冬季時尚不再迷惘。ZARA的大衣質感佳、物超所值，是推薦入手的品牌。●大衣／ZARA、包包／ZANELLATO、包鞋／PELLICO（皆為私物）

眼鏡與太陽眼鏡的挑選方法

如果還不知道怎麼挑選適合的眼鏡和太陽眼鏡，觀察鏡片和鏡框，從「軸色」或「點綴色」下手吧，能自然提亮氣色，請將之視為好用的搭配利器。

第二種方是可以參考自己的瞳孔，**眼珠外緣比較清晰的人，選擇深色鏡框，而眼珠周圍相對不明顯的人，則選擇淡色鏡框**。若再配合髮色選擇與之協調的顏色，後鏡框到鏡片與臉部自然成為一體，就能成為氣質的眼鏡美女。

會被稱為「戴眼鏡的那位小姐」，是因為「眼鏡」給人強烈印象，很可能是沒有選擇好的鏡框顏色才顯得突兀。若是個性派的人就算了，但如果是想給人好印象的成熟女性，眼鏡還是與臉部整體相融洽會比較好看。

藍色系

黃色系

推薦海軍藍・灰色・深褐色・粉色和紫色

這些顏色的眼鏡能增添妳的氣質。●〈自上而下〉太陽眼鏡／Mr.Leight、眼鏡／OLIVER PEOPLES（皆為Continuer）

推薦米褐色・焦糖色・卡其色和橘紅色

這些顏色的眼鏡能完美提亮妳的氣色。●〈自上而下〉眼鏡／ayame、太陽眼鏡／EYEVAN（皆為Continuer）

包包內也採「軸色收納」才優雅時尚

不只是一眼可見的包包需要細心選色，我連包包內的物品、收納袋也全都仔細以軸色整合。錢包、化妝包、手機套……等，雖然這些看起來都收納在包包中，但事實上比預期中更常拿出來使用，所以被看見的次數也不少。因此，**與其顏色七零八落，小物品的形象也整齊清爽會更好**，當然也能帶給自己好心情。

特別是現在越來越頻繁地看手機，使用時因靠近會影響氣色的臉部，所以非常建議要慎選手機殼、手機套的顏色，如此一來**在通勤時使用手機的模樣也會不經意顯得優雅**。除了軸色外，採用鮮明的「點綴色」能顯得脫俗。包包內的物品皆整合成「點綴色」，或只挑其中一個品項使用，呈現不一樣的味道。想再進階運用的話，在任一品項使用「對比軸色」或「對比點綴色」，也能立刻為自己的時尚加分。

黃色系

●包包／ZANELLATO（AMAN）、短夾／Epoi（Epoi本店）、化妝包／EFFECTEN（UTILITY）

藍色系

●包包、名片包／皆為Epoi（Epoi本店）、手機套／TOPKAPI（CRICKET）

這兩款白色休閒鞋完美詮釋大人感品味

「很想穿休閒鞋，又怕顯得孩子氣……我可以穿什麼呢？」平時穿著包鞋、渾身散發優雅氛圍的諮詢顧客經常這樣問我。推薦給成熟女性的運動休閒鞋，是**愛迪達的STAN SMITH和CONVERSE的ALL STAR**的低筒款。這兩款鞋型皆偏細長，不論配裙子或褲子的比例都好看，是不太受流行束縛，能百搭的魅力休閒鞋款。

白色可以和任何顏色相配，呈現的氛圍也不會過於休閒。但因為白色容易髒，所以別忘了要勤於擦拭保養。如果要購入第二雙運動休閒鞋，推薦選同款式的「軸色」。即使是本來不擅長休閒鞋款的穿搭，但只要露出腳踝，隨性休閒的鞋子也能讓妳穿出成熟風格。

偏細長的鞋型為首選

適合大人的休閒鞋，是不會過於運動風格
也不至於太可愛的鞋款。

●帆布鞋／CONVERSE（CONVERSE INFORMATION CENTER）、
板鞋／adidas（私物）

利用絲襪自然修飾不均勻膚色

通常大部分的人習慣直接單穿包鞋或高跟鞋，展現自然健康的樣子，不過也因此無法修飾腿部膚色，以及經常出現的筋脈血絲、淺斑或細紋等等，這個時候就需要「絲襪」協助。

日常配搭的絲襪推薦「透膚絲襪」，薄透的自然光澤能打造無痕裸肌的效果。若選擇單織類型的霧面質感絲襪，通常貼合度強，可能有久站等工作需求而偏好這種類型的人，請挑選比膚色深一點的顏色；若選擇的顏色比膚色還白，容易給人刻意、流俗的印象。

請選擇透膚絲襪來營造
成熟時髦的細節

自然不刻意的效果能修飾腿部膚色。

圖中所穿為Calvin Klein的自然色號。看起來像裸足，其實是膚色不均的地方被自然修飾了。若想更完美呈現腿部的好膚質，建議可以選擇淺膚色。●絲襪／Calvin Klein、裙子／martinique、無扣帶包鞋／PELLICO（皆為私物）

從過於沉重的「全黑褲襪」畢業吧！

因為我幾乎不穿黑色褲襪。所以為什麼呢？因為黑壓壓的兩隻腳，整體視覺會相當晦暗、有負擔，整個人的重心也明顯往下掉。這時如果鞋子也是黑色，沉重壓力的效果會更加明顯。尤其釉色為「黃色系」的人特別需要留意。

穿著褲襪時，不能只注意如何修飾腿部線條，基本上最重要的是**與鞋子顏色相融**。可以利用同色系稍微製造一點深淺對比，就能顯得俐落好看。

如果選擇**「點綴色」**的**鞋子時，自然色的絲襪會比起褲襪更保險**；另外，米灰色的鞋子也需要特別費心，因為除了米灰色的褲襪外，其它顏色都難以與之搭出和諧感，所以請選擇同色的褲襪和絲襪。

基本上褲襪要與鞋色相搭

選擇與鞋子同色系，或是做出深淺差都可以。
要注意即使鞋子是黑色也避免穿黑色褲襪，盡量選深灰色。

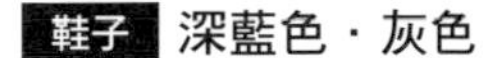

鞋子 深藍色・灰色
＋
褲襪 灰色・深灰色

●褲襪／ATSUGI、鞋子／ZARA（皆為私物）

鞋子 米色・卡其色・焦糖色
＋
褲襪 深棕色

●褲襪／TABIO、鞋子／PELLICO（皆為私物）

鞋子 米灰色
＋
褲襪 米灰色

●褲襪／FALKE、鞋子／CHEMBUR（皆為私物）

鞋子 深褐色・褐紅色
＋
褲襪 深褐色

●褲襪／Calvin Klein、鞋子／PELLICO（皆為私物）

讓品味大幅提升的輕珠寶

飾品的價格範圍相當廣，所以能想像女性們陷入選擇障礙的樣子。如果是平時經常使用的組合，選擇平價款即可。

不過，在正式場合會比較難顯現出好品味。正式外出時，還是要配戴比較有質感的飾品，若決定要添購「好一點的」首飾，**參考價格大概是台幣三千元～五千元左右**。

在這個價格範圍的飾品品質通常都比較有保障。像是珍珠就不會是仿冒品，而是珍貴的淡水珍珠；若是小飾品，也多會選用半寶石。

請組合好價格偏高但有質感的**「輕珠寶」**，簡單就能增添妳的穿搭品味。

黃色系

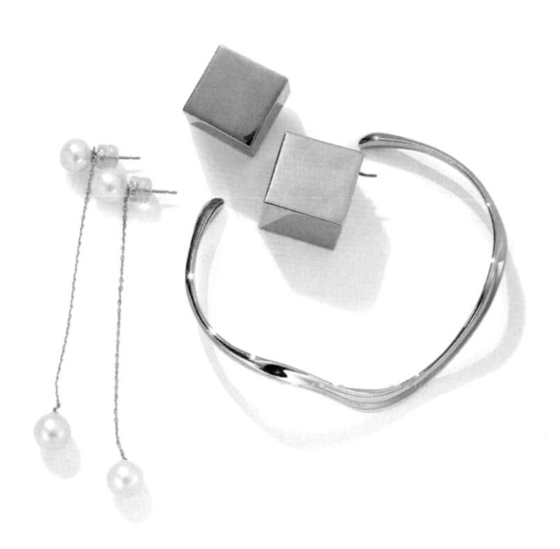

● 〈自上順時鐘方向〉方塊耳環／flake、手環／ete、珍珠耳環／CYCRO

藍色系

● 〈自右順時鐘方向〉耳環、LOGO戒指／buff、珍珠耳環／LILYS（14 SHOWROOM）

注重衣物的保養
讓平價單品也能展現好品味

如果能維持新品般的樣貌，平價衣物也能顯得高貴，因此請不要吝於保養。即使是可以機洗的針織衫，我也會用**貼身衣物洗衣精**手洗，脫水20秒後晾乾，這樣做可以長久的維持衣物原有的質感。

另外，也不要怠於處理毛球與髒汙。除了針織衫，舉凡襪子、褲子、外套等，所有的衣物都請定期清除毛球並且每次穿過之後，都要檢查是否有需要立即處理的汙漬。而在可能會下雨的日子，請避免著用不是防水的包包和鞋子。

最後，來到一定的年紀更要留意衣服不要皺巴巴的，會讓自己毫無光澤！請定期整理常用的衣物，尤其是最常拿來搭配的「軸色組合」要熨燙整齊。隨著年齡增長，對肌膚的保養想必不會怠惰；與此同時，穿在身上的衣服也該同樣勤於保養。

平價衣物也能靠蒸氣機和
除毛球機脫胎換骨！

我很推薦使用T-Fal手持蒸氣熨斗，水箱容量充足、熨燙一氣呵成、能輕易撫平皺褶。另外，TESCOM的除毛球機不會傷衣料，能恢復衣服原本的平順質感。平價衣物只要保養得宜，就不會散發廉價感，反而還能襯托妳的好品味。●蒸氣機／T-Fal 除毛球機／TESCOM（皆為私物）

LESSON

7

讓妳迷人程度升級的「軸色妝容」

最後的章節談談彩妝，
不論是眼影、腮紅、口紅或甲彩，
依照「黃色系」或「藍色系」的軸色來挑選，
一定能讓妳出色閃耀。

大人的上妝重點不在「流行」而在「適合」

服裝搭配的要領是掌握「軸色」，就能讓任何顏色大放異彩。不過呢，一旦談到妝容，就沒有這麼簡單了。

來到四十歲前後，肌膚可能開始變得暗沉、皮膚逐漸失去彈性而下垂，細紋也變多變明顯。而因為化妝品會直接接觸到皮膚，所以**如果選用的顏色與自己原本的膚色不搭，原本想遮蓋的臉上細紋甚至會被放大**。因此隨著年齡增長，能修飾肌膚色調，呈現明亮有精神的化妝品，仍舊是「軸色」！

最適合妳的彩妝基本色，就是妳的「軸色」三色與「點綴色」三色。

眼影、口紅，底妝和指甲油的部分可以這樣參考：「黃色系」的人，就挑選米色、焦糖色、卡其色，或是點綴色的黃色、橘色、綠色色系；「藍色系」的人，就選用深藍色、灰色、深褐色，還有粉色、紫色、正藍色色系。如此一來肌膚會呈現透明感及紅潤氣色，帶給人有活力、有朝氣的印象。

此外，若選用霧面和低彩度的彩妝，會容易暴露日漸黯淡的肌膚問題。建議要大膽改用具光澤感、顏色明確的彩妝，看起來會更有精神、氣色更好，請放心的挑戰比以往更亮眼的彩妝吧。

正因為隨著年齡變化會有相對適合的鮮豔度，而每年流行的顏色或質地也不太相同。所以，不只要準備基本款，在適合的顏色範圍內，更要汰換過時的彩妝品，讓彩妝與穿搭同步，互相輝映活力與時髦感。

唇膏色「貼近軸色」能增加閃耀感

先分享兩個軸色色系適合的唇膏顏色，「黃色系」的人，會推薦珊瑚色、橘色、朱紅色等橘調唇彩，而「藍色系」的人則適合粉紅色、玫瑰色等紫調唇彩。如果想使用大地色，像是米色或褐色的唇彩，也請選擇與軸色相近的顏色。抹上自己適合的軸色唇彩，能自然提升肌膚的質感，表情也顯得明亮起來，光是這樣就能增加不少美人指數。

另外，穿上「對比軸色」的服裝時，務必更加倚靠「貼近軸色」的唇彩，才能提升臉部光采。

每個人天生的唇色不同，即使是同樣一支唇膏，呈現的色彩感也有所差異。因此盡可能實際試用，才能判斷顏色是否足以襯托自己。

適合妳的「軸色唇膏」

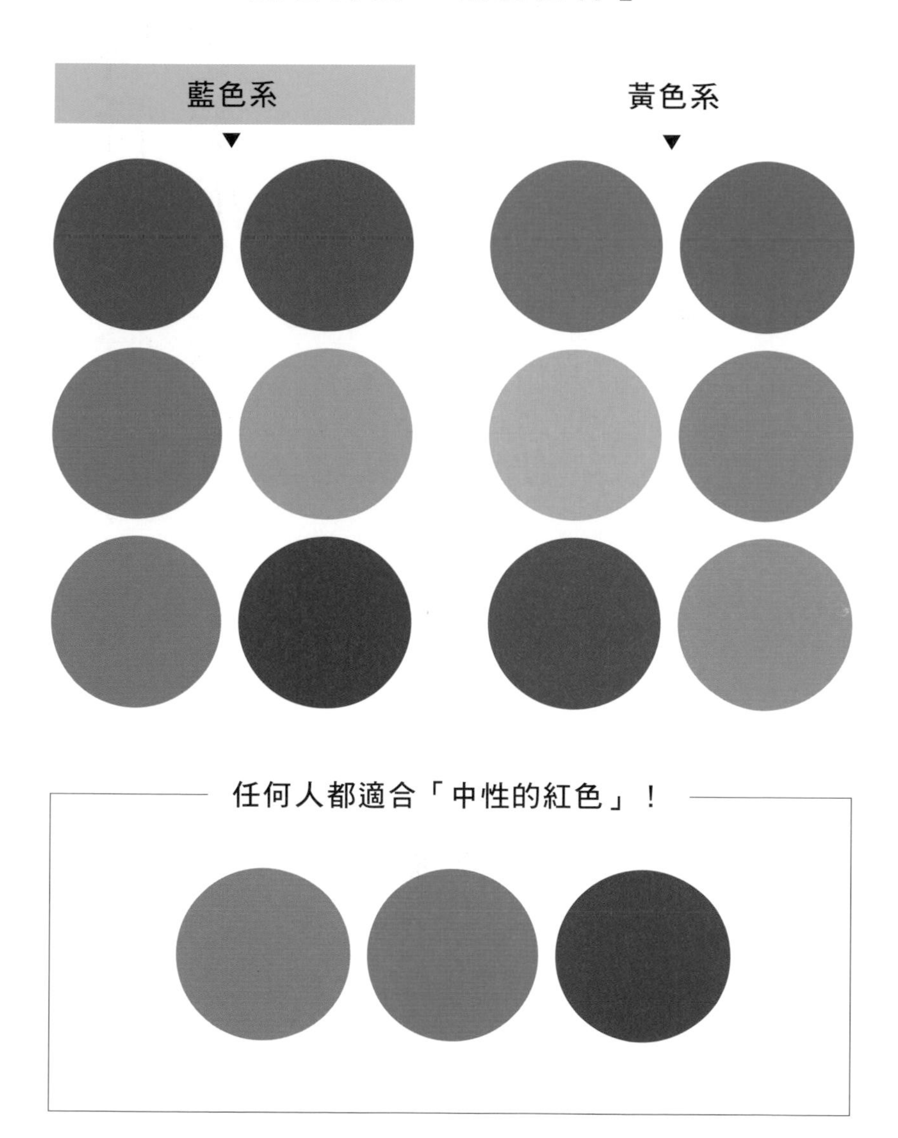

唇膏也有分「鮮明色派」與「混濁色派」

在第80～81頁中，提過有適合高彩度「鮮明色派」，和適合「混濁色派」的判別方法。唇膏也是相同的道理，有些人擦上鮮艷的唇膏很美，但也有些人會顯得特別突兀。

「混濁色派」塗抹鮮明色唇彩時，請試著先**用手指沾取，沿唇形輪廓輕拍暈染**。此外，試著再抹一層裸色的唇膏（「黃色系」的人請選米黃色，「藍色系」的人請選灰米色），就能中和掉豔麗感。變得更好看！而「鮮明色派」的人，不需要再上裸色唇膏，只要維持唇膏的彩度，並勤勞地補抹。

以指尖塗抹
調整色澤

直接搽上霧面的唇膏可能不太適合成熟的大人，但若以指尖沾塗，就能柔和地勻開；如果氣色看起來黯淡，不妨再以手指疊抹一層自己軸色的鮮豔色。當光澤度不足時，加上唇蜜也是不錯的選擇。另外，過於金屬感或亮片太明顯的唇膏不太適合大人感的妝容，建議選擇帶有纖細金蔥的唇膏即可。

用軸色隔離霜修潤並捨棄兩年前的粉底液

若想遮蓋肌膚細紋或膚色不均，比起仰賴粉底，更要靠妝前的修潤打底。近年推出的隔離霜功能越來越齊全，所以只要選擇軸色隔離霜就能完美遮瑕，比較難以遮覆的部分就以粉底來進階修潤即可。軸色是「黃色系」的人，選擇橘黃色系的隔離霜，而「藍色系」的人，隔離霜就選粉色或紫色；另外，每個人都會滿適合膚色或米白色。

若用了「對比軸色」的隔離霜，即便剛完妝時看似效果不錯，但一段時間後，氣色會變得黯淡無光，所以挑色時要特別留意。我自己愛用的產品是PRIORICOSME的隔離霜，只要依照自己的軸色做選擇，底妝就不會出錯。

另外，粉底選色比隔離霜更不容易挑到合適的顏色，一定要實際測試確認是否符合膚色。試塗的地方建議在**下巴和脖子交界**。若自己無法判別時，最好請專櫃的服務專員幫忙確認。

粉底也會因為流行的關係，有不同的光澤、質地、遮瑕程度等等。**為了呈現自己「當下的膚況」，使用「時下最能襯托自己的粉底」是最佳選擇**。粉底至少兩年要更新一次，當然也是為了兼顧衛生與品質，因此，請一定要換掉兩年前的粉底液或粉餅喔。

黃色系

>> 橘、黃色系的隔離霜

藍色系

>> 粉、紫色系的隔離霜

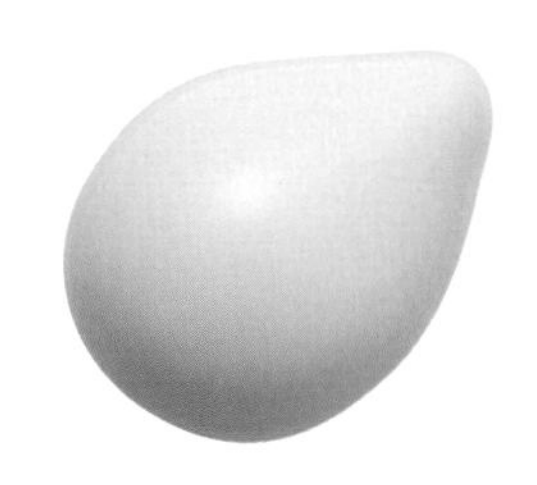

以「軸色」打亮，成就完美妝容

有了一定年紀後，肌膚容易看起來乾燥粗糙，我們就以「打亮」來提升光澤感吧，如此可以打造出有層次、高質感的大人妝容。

在打亮產品的選擇上，軸色是「黃色系」的人，請選用米黃色系，「藍色系」的話，就選擇粉米色系，利用自身的軸色來打亮就不會突兀，可以放心使用。我長年愛用的產品，是聖羅蘭YSL的RADIANT TOUCH明采筆，相當好用。

打亮的部位請參考左圖。重點在以明亮擊退隨著年齡下垂的嘴角、變寬的鼻翼，以及讓提升鼻樑的存在感。有技巧的修飾鼻翼，法令紋就不會那麼明顯。另外，在意太陽穴或顴骨下方凹陷的人，可以透過打亮變得膨潤明亮，整個妝容呈現出年輕有活力的氛圍！

成熟大人的完妝細節，留意這些打亮部位！

紅色圈圈處是建議所有人要打亮的部位，
褐色圈圈處是在意的人才需要特別加強。
依照「軸色」選擇具纖細光澤的打亮產品。

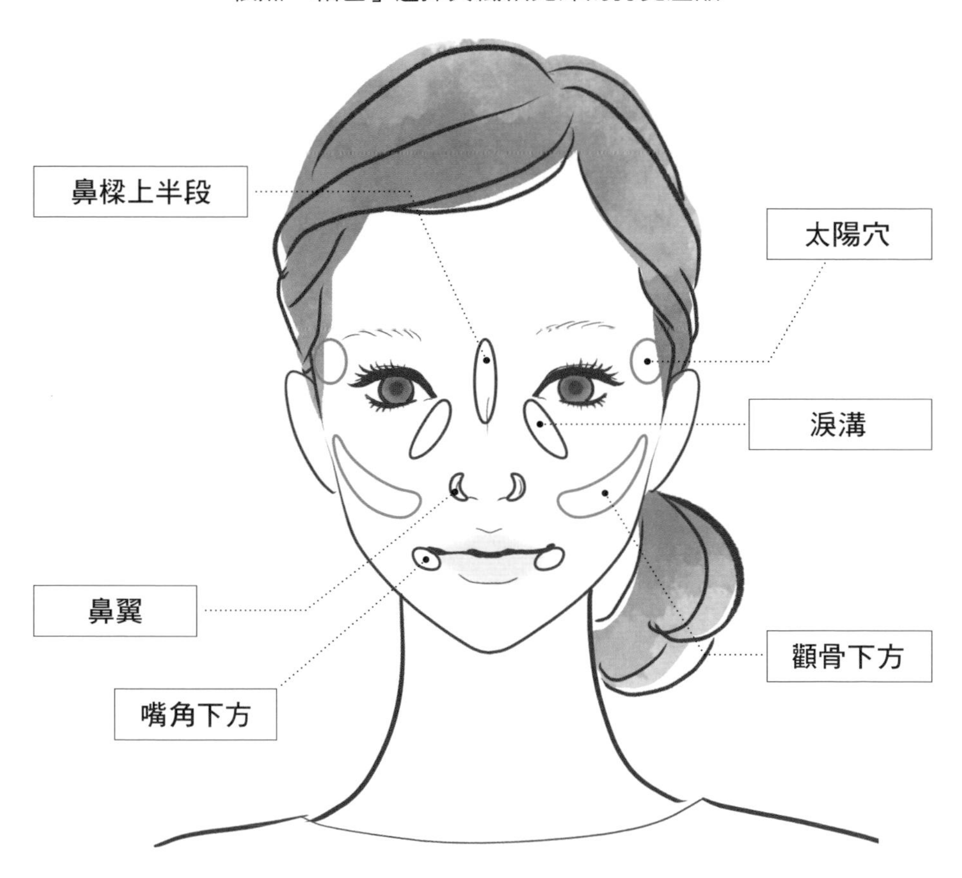

想修飾變寬的鼻翼、法令紋

隨著年齡增長而逐漸變寬的鼻翼，會使整個人越來越像「大嬸」。此外，鼻翼也是法令紋的開端。與其遮蓋所有的法令紋，只要將此處打亮，就能自然修飾。

想遮蓋黑眼圈

與其遮蓋整個黑眼圈，不如打亮眼頭下方的淚溝。臉頰會顯得膨潤，同時能淡化眼睛下方的暗沉、下垂與細紋，瞬間讓臉部成為明亮幸福的氣色。

貼近軸色的褐色眼影

日常中會使用的眼影，一般以**基本的安全色「褐色色系」**。然而，褐色中也講究不同的色調，像是軸色「黃色系」的人以選用黃褐、橘褐與偏卡其的褐色系為佳；「藍色系」則選擇粉褐、深褐色系，以及米灰色系。眼影的褐色是否「貼近軸色」相當重要。

我自己本身使用多年的眼影款式為LUNASOL的SKIN MODELING EYES中的01色號。因為它能帶給「黃色系」的我光澤，呈現健康、高雅的感覺，一用就愛上。另外，雖說是基本的褐色眼影，但在**流行的推動下也會有不同的時尚要素，像是金蔥或亮片**，因此除了必備的百搭款，也請試試推陳出新的產品，更能提升俐落又時髦的印象。

適合妳的「褐色眼影」

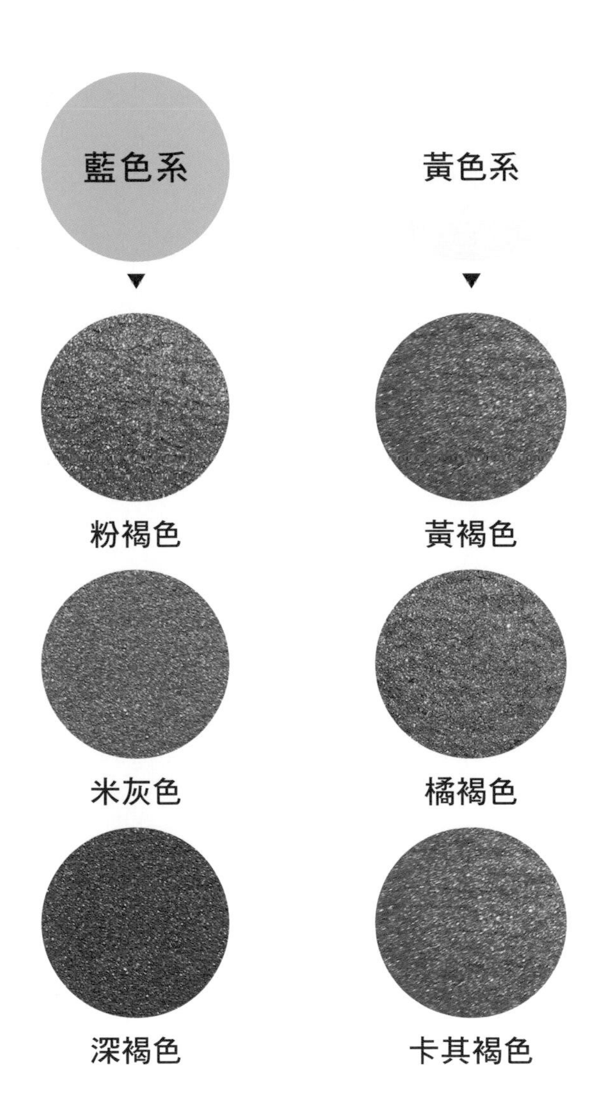

以「軸色眼線」打造動人雙眸

妳的眼線，是否是一成不變的黑呢？

其實**對「黃色系」的人而言，使用黑色眼線會過於強烈，使得整體妝感不和諧**。所以建議改選用褐色、卡其色等顏色，不僅能銜接瞳孔的顏色，給人不刻意的好印象。而**「藍色系」的人**雖然用黑色眼線不會有問題，但如果想打造更自然的妝容，**選灰色或灰黑色會比較柔和**，想轉換印象時，也推薦深藍色系。而深褐色眼線則適合任何人。

不過，現在的彩妝雖然說是黑色或褐色，其實也推出了許多混合其他顏色的產品。所以就以自己的「軸色」為基準，再增加一點點玩色變化，也會漂亮迷人。

順帶一提，大人彩妝中，選擇睫毛膏的部分，不論任何人、任何髮色，能讓眼神深邃的**唯有黑色睫毛膏**。或許因為睫毛沒那麼貼近肌膚，所以即使是非軸色也不會違和。

另外也請不要過度的拔眉或修眉，自然的毛流是目前提倡的眉型。也因為不少人拔毛過量或過度脫毛使得毛量不足，造成眉眼之間的距離變得太遠，請**在眉毛下方以眉筆增添1～2筆，加寬至自然的眉型**，就能轉變為朝氣滿滿的印象。

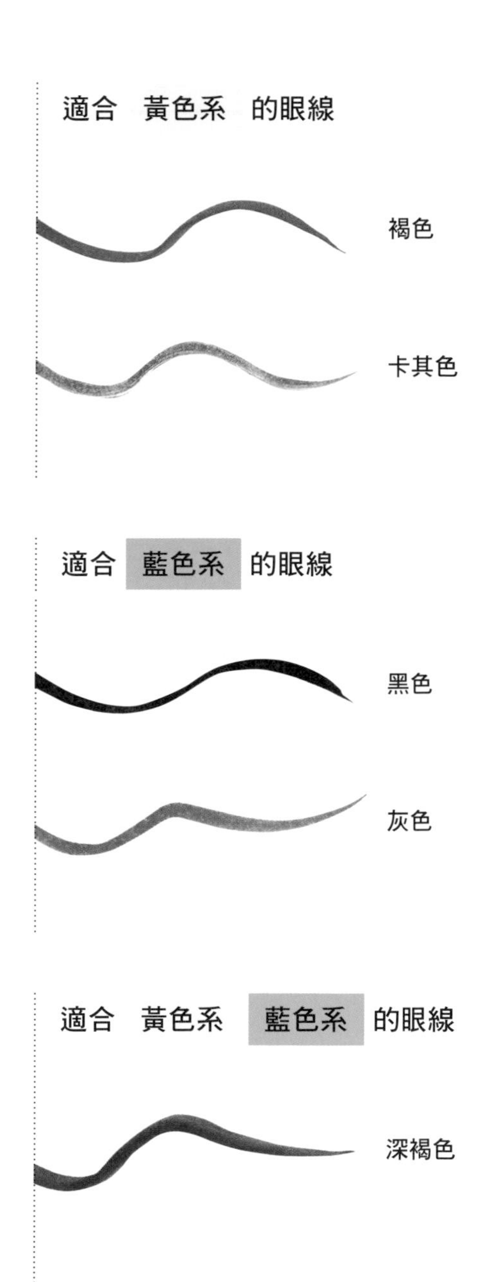

以「釉色腮紅」拉提臉頰

刷上腮紅能為我們帶來好氣色，也有讓臉頰呈現緊緻拉提的視覺效果，所以非常推薦成熟女性使用。

顏色選擇的方式還是以貼近「釉色」為主，並**搭配唇膏顏色**讓整體協調。而腮紅上妝的方式以輕柔、平均勻開為原則，才能呈現淡雅的自然氣色。塗抹位置依臉型區分，「圓臉、方臉」的人從顴骨開始往下方斜刷，而「長臉、倒三角臉」的人則從耳朵對鼻翼的中心橫向上刷。

如果將唇膏和腮紅顏色都上得很飽和，容易給人「妝很濃」的感覺，所以在特別想凸顯唇色的時候，就要降低腮紅的效果，反之亦然。只要**重點選用兩者之一**就能打造出高雅的妝容。

適合妳的「軸色腮紅」

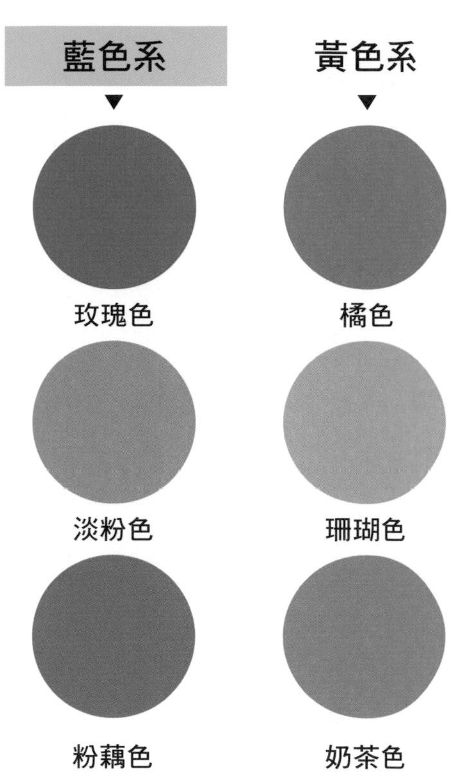

不同臉型的腮紅位置

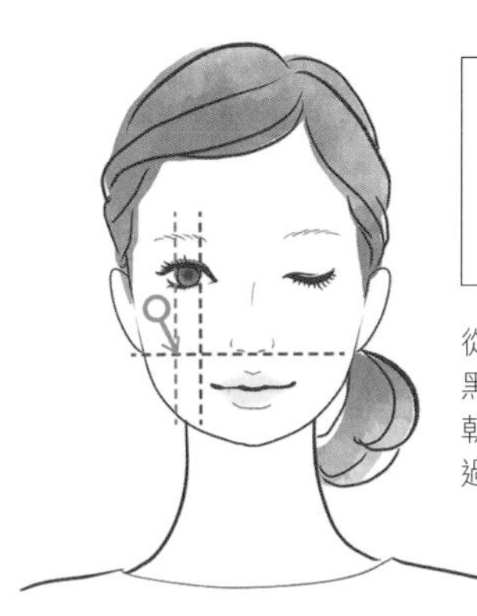

圓臉・方臉

從顴骨的高點到黑眼珠的外側，朝嘴角向下刷過。

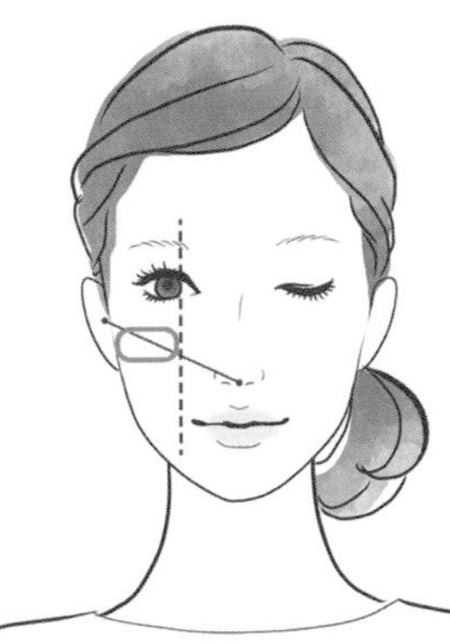

長臉・倒三角臉

以鼻翼和耳朵中央為一線的中心，從外側至黑眼珠的內側，橫向刷上的方式以拉寬臉型。

挑選裸色指甲油的原則

若提到可以百搭造型的指甲彩繪顏色，應該大多都會回答裸色吧。

然而，**隨著年紀增加，指甲也會慢慢變得暗沉，也因此選擇的甲彩色調適不適合自己一看便知**。如果開始感覺「常用的裸色指甲油不合適了」，請重新評估指甲油的色調。

軸色是「黃色系」的人，請挑選米橘色或米黃色系指甲油，「藍色系」就請選擇粉膚色系。有些「藍色系」的人會覺得米色難以駕馭，請務必試看看米灰色。此外，明度也很重要，挑到適合的明度能讓平凡的手活力盎然。

成熟女性適合的裸色甲彩是這些

如果是適合自己的色調，不僅能襯托手部，
連臉部的風采也能更迷人，適用於任何場合。

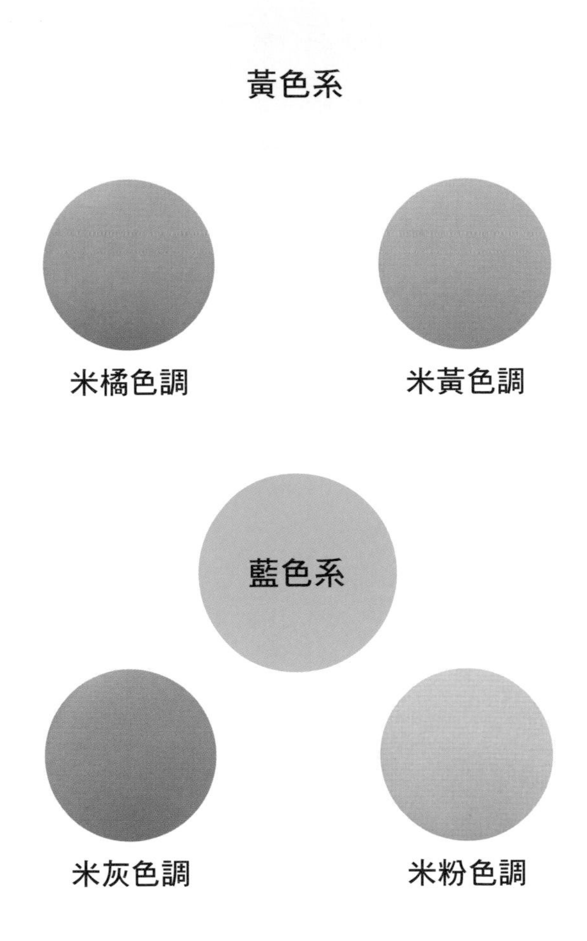

活用「軸色彩妝」延伸更多穿搭可能

左頁的穿搭，是以海軍藍的針織衫與裙子為基礎色。海軍藍呢，對「黃色系」的我而言，原本是難駕馭的對比軸色，容易顯得沒精神。不過，鞋子和包包選用我專屬「軸色」的米色，加上我的「點綴色」黃色披肩，原本格格不入感覺會大幅減低。最後，將70%比例的海軍藍穿搭，轉變成「適合我的風格」的重點，是我採用**貼近「軸色」的橘色系妝容。**

以「軸色」理論為基礎，連原本應該無法駕馭的顏色，也能穿得樂在其中又好看。掌握好軸色，衣著和妝容的搭配失誤會越來越少，**並散發前所未有的自信光彩。**請各位務必試看看，非常實用。

以「軸色」的品項搭配橘色彩妝，將難駕馭的「對比軸色」海軍藍服裝穿成適合自己的風格。●針織衫／Littlechic（THE SUIT COMPANY銀座本店）、裙子／RIVER、披肩／Furla（MOONBAT）、包包／LOEWE、手環／PELLICO（皆為私物）

結語

要邁入熟齡之際，許多人都會開始對「時尚」感到困惑，甚至可以說沒有人能逃過對「自我風格」的懷疑……。

正因如此，才希望大家一旦對穿搭感到困擾、失去信心時，能把「軸色」當作自己最好的戰友。因為以絕對不會失誤的顏色作為衣著的中心，再試著調整到自己最喜歡的風格，一定能夠再找回「很不賴的自己」，變得更有自信，愉悅地度過每一天。

試著空出一段時間，重新檢視自己。在目前的生活環境、與他人的相處上，妳希望如何展現自己呢？我相信現在的妳，相較於過去，想法一定會有所不同，也正因為有過這樣的時期，才能找到符合「現在的自己」的時髦感。

如果妳現在正處於「不知道怎麼穿搭才好」的階段，為了避免長時間陷入失去風格的膠著情況，請不要徒增煩惱了，倚靠「軸色」吧。

「原來，我還很不錯嘛？」一定能像這樣讓妳展開笑顏。因為不論何時、不論年紀如何，「軸色」能長伴妳左右，成為妳最信任的好搭檔。

這次，在許多人的大力協助下完成這本書。我要感謝幫忙拍攝的攝影師熊木和石澤、總是達到我們繁瑣要求的造型師村田、髮妝師川嵜、插畫家Sugisaki，以及設計師佐藤。還有將我所表述的內容，整理成讓人易懂的島端、責任編輯N，最後，謝謝給予支持的家人和朋友，真的謝謝大家。

再次藉著這本書，向非常用心教導色彩學與穿搭術、孕育出「Color+shape®」理論的色彩課程教師——勝馬老師，還有每位工作人員致上深刻的謝意。

當然，一定要感謝閱讀本書到最後的各位讀者，和針對書中內容提供許多指點的諮詢顧客。

希望各位與「軸色」還有自己喜愛的色彩，自在且愉快地度過每一天。更衷心祝福「軸色」能為大家找回自信，能讓讀者感到受用，就令我心滿意足了。未來，我也將會持續精進。

谷口美佳

黃色系 不失敗的配色圖

雙色搭配

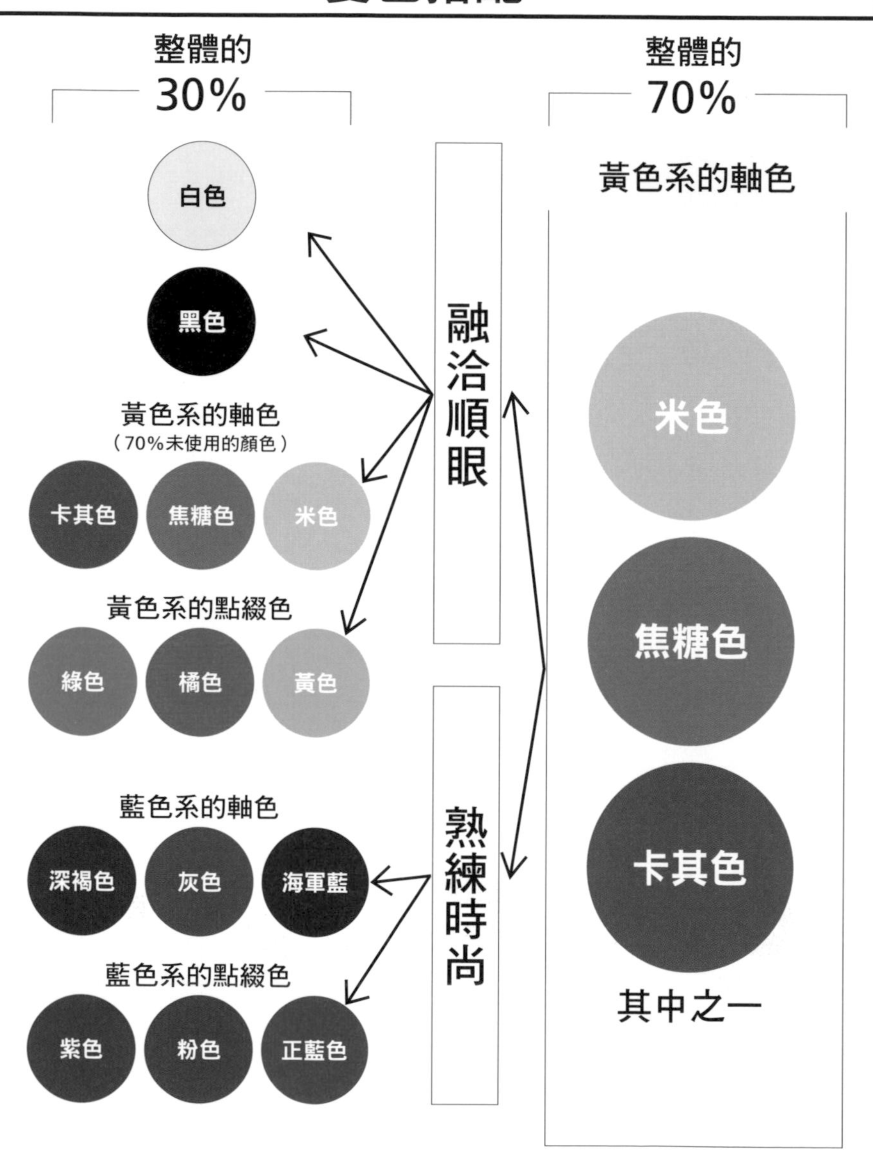

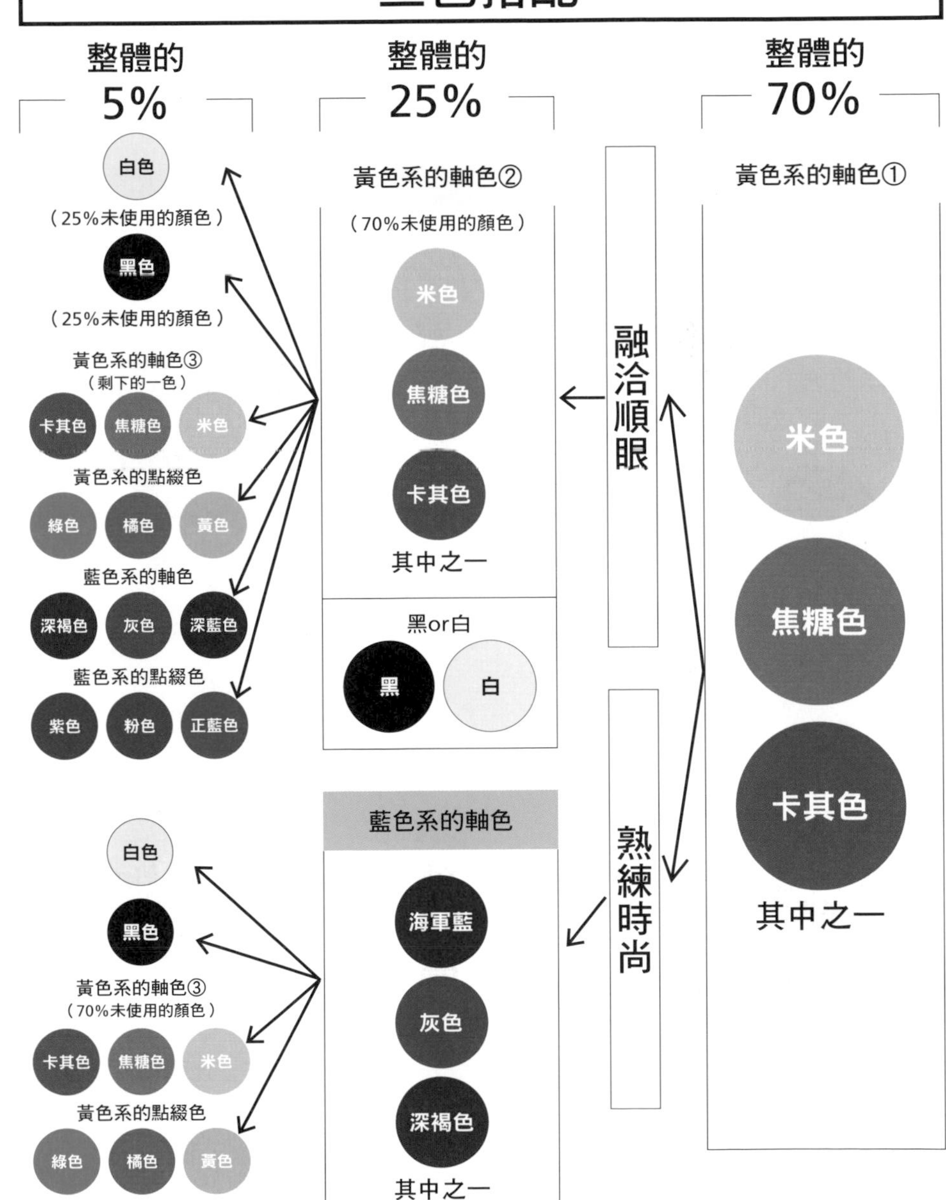
三色搭配
整體的
5%
整體的
25%
整體的
70%
白色
（25%未使用的顏色）
黑色
（25%未使用的顏色）
黃色系的軸色③
（剩下的一色）
卡其色
焦糖色
米色
黃色系的點綴色
綠色
橘色
黃色
藍色系的軸色
深褐色
灰色
深藍色
藍色系的點綴色
紫色
粉色
正藍色
黃色系的軸色②
（70%未使用的顏色）
米色
焦糖色
卡其色
其中之一
黑or白
黑
白
融洽順眼
熟練時尚
黃色系的軸色①
米色
焦糖色
卡其色
其中之一
白色
黑色
黃色系的軸色③
（70%未使用的顏色）
卡其色
焦糖色
米色
黃色系的點綴色
綠色
橘色
黃色
藍色系的軸色
海軍藍
灰色
深褐色
其中之一

藍色系 不失敗的配色圖

雙色搭配

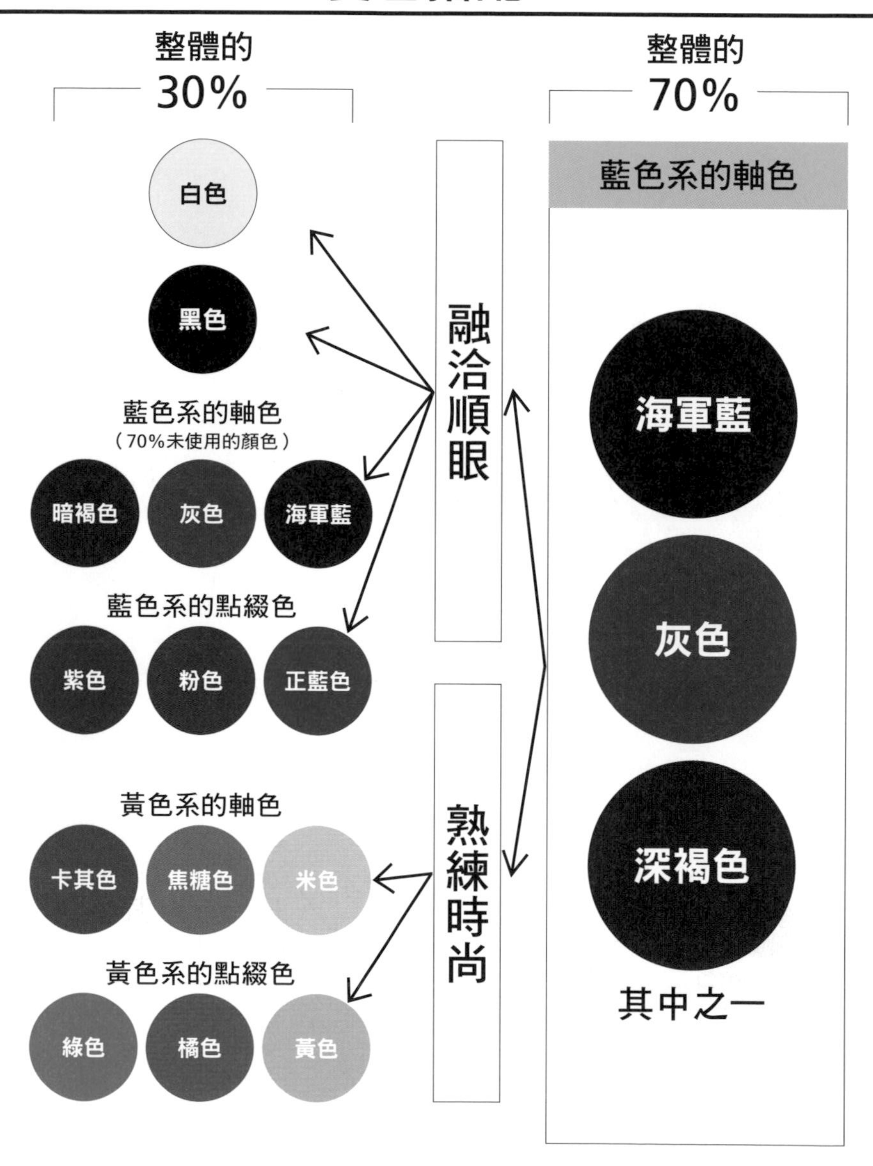

三色搭配

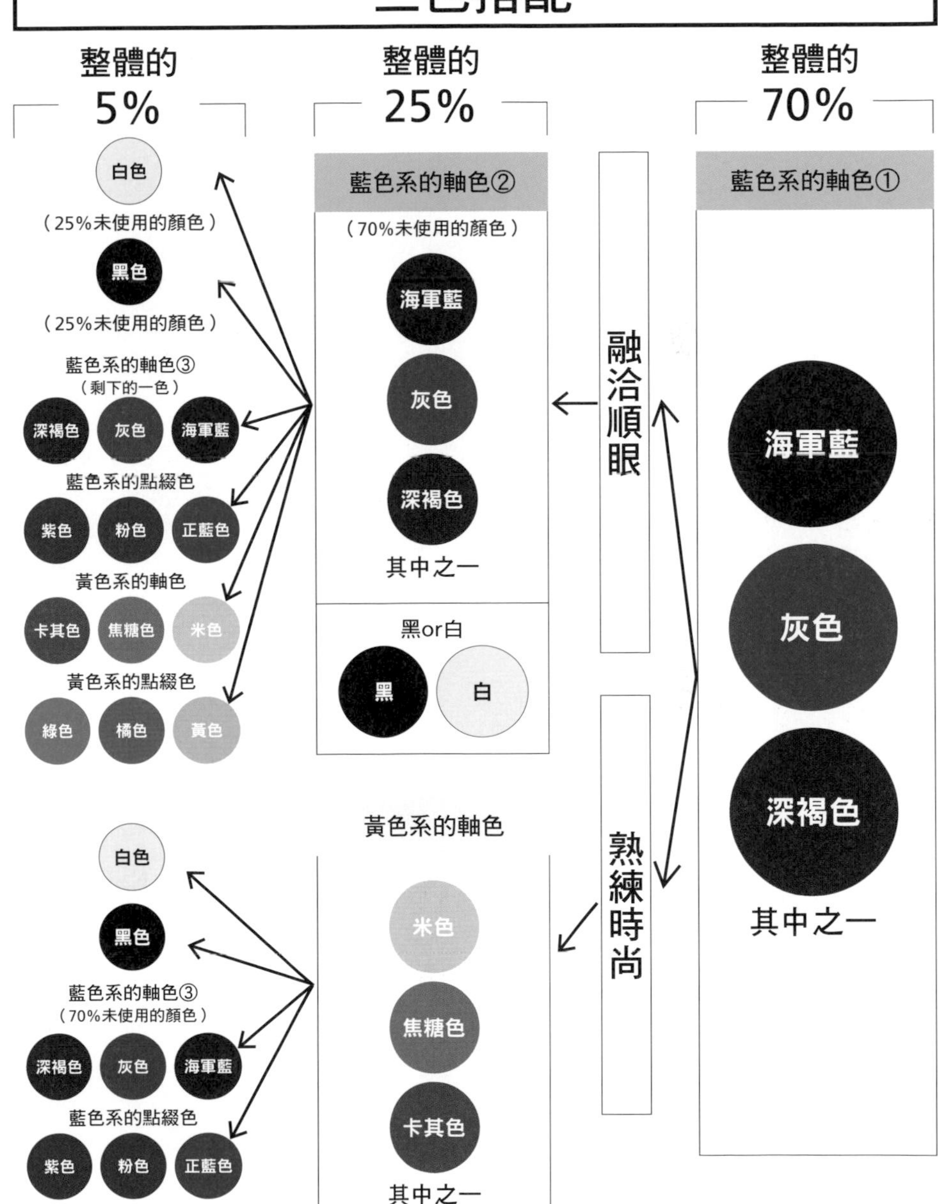
整體的
5%
白色
（25%未使用的顏色）
黑色
（25%未使用的顏色）
藍色系的軸色③
（剩下的一色）
深褐色
灰色
海軍藍
藍色系的點綴色
紫色
粉色
正藍色
黃色系的軸色
卡其色
焦糖色
米色
黃色系的點綴色
綠色
橘色
黃色
整體的
25%
藍色系的軸色②
（70%未使用的顏色）
海軍藍
灰色
深褐色
其中之一
黑or白
黑
白
融洽順眼
熟練時尚
整體的
70%
藍色系的軸色①
海軍藍
灰色
深褐色
其中之一
白色
黑色
藍色系的軸色③
（70%未使用的顏色）
深褐色
灰色
海軍藍
藍色系的點綴色
紫色
粉色
正藍色
黃色系的軸色
米色
焦糖色
卡其色
其中之一

不適合此頁顏色的人是 藍色系

不適合此頁顏色的人是 藍色系

台灣廣廈國際出版集團
Taiwan Mansion International Group

國家圖書館出版品預行編目（CIP）資料

頂尖造型師都在用の「軸色」穿搭術：先從上衣、包包、鞋子，找出你的三點關鍵色，再掌握「7：3配色原則」，用基本款就能穿出自我風格！/ 谷口美佳著. -- 初版. -- 新北市：瑞麗美人, 2020.10
面； 公分
ISBN 978-986-98240-4-0(平裝)

1.衣飾 2.色彩學 3.時尚

423.23 109011646

瑞麗美人

頂尖造型師都在用の「軸色」穿搭術

先從上衣、包包、鞋子，找出你的三點關鍵色，再掌握「7：3配色原則」，用基本款就能穿出自我風格！

作　　者／谷口美佳
翻　　譯／張郁萱
編輯中心編輯長／張秀環
封面設計／張家綺・**內頁排版**／菩薩蠻數位文化有限公司
製版・印刷・裝訂／東豪・承傑・明和

行企研發中心總監／陳冠蒨
媒體公關組／陳柔彣
綜合業務組／何欣穎
線上學習中心總監／陳冠蒨
數位營運組／顏佑婷
企製開發組／江季珊

發 行 人／江媛珍
法 律 顧 問／第一國際法律事務所 余淑杏律師・北辰著作權事務所 蕭雄淋律師
出　　版／瑞麗美人國際媒體
發　　行／蘋果屋出版社有限公司
地址：新北市235中和區中山路二段359巷7號2樓
電話：（886）2-2225-5777・傳真：（886）2-2225-8052

代理印務・全球總經銷／知遠文化事業有限公司
地址：新北市222深坑區北深路三段155巷25號5樓
電話：（886）2-2664-8800・傳真：（886）2-2664-8801
郵 政 劃 撥／劃撥帳號：18836722
劃撥戶名：知遠文化事業有限公司（※單次購書金額未達1000元，請另付70元郵資。）

■出版日期：2020年10月
ISBN：978-986-98240-4-0
■初版6刷：2023年5月

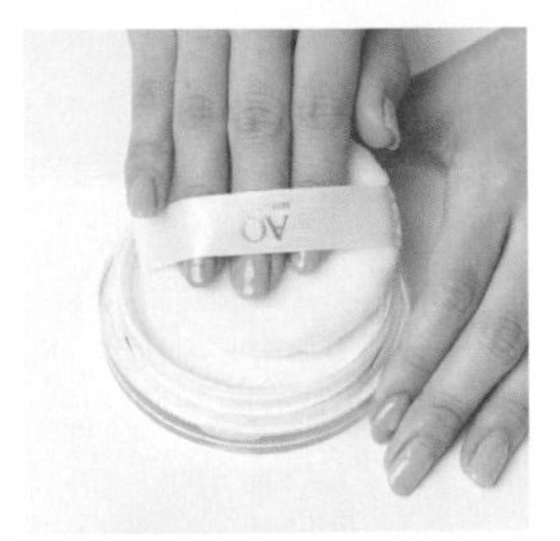

完全圖解版
大人の
メイクアップ
彩妝課
暢銷突破15萬冊！
不褪流行、不分造型、不限化妝品，
天后級彩妝師的「好感美肌妝」美妝技巧全公開！
瑞麗美人

春
夏
秋
冬